新时代环境治理现代化进程中的公众参与

XINSHIDAI HUANJING ZHILI XIANDAIHUA
JINCHENG ZHONG DE GONGZHONG CANYU

王宏斌　著

人民出版社

责任编辑：江小夏
封面设计：胡欣欣

图书在版编目（CIP）数据

新时代环境治理现代化进程中的公众参与 / 王宏斌 著 . — 北京：
人民出版社，2023.11
ISBN 978 – 7 – 01 – 026267 – 3

I. ①新…　II. ①王…　III. ①环境综合整治 – 公民 – 参与管理 – 研究 – 中国　IV. ① X321.2

中国国家版本馆 CIP 数据核字（2024）第 015492 号

新时代环境治理现代化进程中的公众参与
XINSHIDAI HUANJING ZHILI XIANDAIHUA JINCHENG ZHONG DE GONGZHONG CANYU

王宏斌　著

人民出版社 出版发行
（100706　北京市东城区隆福寺街 99 号）

北京中科印刷有限公司印刷　新华书店经销

2023 年 11 月第 1 版　2023 年 11 月北京第 1 次印刷
开本：710 毫米 ×1000 毫米 1/16　印张：12
字数：180 千字

ISBN 978 – 7 – 01 – 026267 – 3　定价：68.00 元

邮购地址 100706　北京市东城区隆福寺街 99 号
人民东方图书销售中心　电话（010）65250042　65289539

作者简介

ZUOZHE JIANJIE

王宏斌　1974 年生，河北邢台人。毕业于中国人民大学国际关系学院，法学博士；山东大学政治学博士后。现为石家庄铁道大学马克思主义学院院长，教授、博士生导师。河北省新世纪“三三三”人才，河北省宣传文化系统“四个一批”人才，河北省统一战线教学名师，河北省社会主义学院客座教授。兼任中国科学社会主义学会、中国国际共运史学会、中国区域科学协会理事，河北省社会学与社会发展研究会副会长等。

主要研究方向：中国特色社会主义理论、环境政治学、社会治理等。近年来，主持国家社科基金、中国博士后科学基金、统一战线国家高端智库项目等课题 10 多项，出版学术专著《生态文明与社会主义》等，在《人民日报》《马克思主义研究》《当代世界与社会主义》等报刊发表学术论文 40 多篇。科研成果获得河北省社会科学优秀成果二等奖、三等奖各 1 项。

目　录

导 论

“人民对美好生活的向往”是中国共产党领导人民接续奋斗的崇高目标。在人民日益增长的多层次美好需要中，更加真实、广泛的民主权利是其中主要的组成部分。中国共产党所追求的民主是人民民主，其实质和核心是人民当家作主。从这个意义上来说，引导公众通过有序政治参与积极参加管理国家的各项事务以不断提高公众的民主素质和能力，是人民创造更加美好生活的政治保障。同时，在现代社会中，人民主权是现代国家和政治的重要基石，人民参与和监督政府及其管治也是现代民主的题中应有之义。公众参与环境治理现代化正是人民主权及其不断扩大的民主政治权利的现实需求和具体体现，也是社会主义民主政治的本质要求。

一、选题的背景和意义

（一）背景分析

在现代化的环境治理体系中，广泛而又深入的公众参与非常必要也非常重要。党的十九大报告指出，要“打造共建共治共享的社会治理格局。加强社会治理制度建设，完善党委领导、政府负责、社会协同、公众参与、法治保障的社会治理体制，提高社会治理社会化、法治化、智能化、专业化水平”。“加强社区治理体系建设，推动社会治理重心向基层下移，发挥社会组织作用，实现政府治理和社会调节、居民自治良性互动。构建政府为主导、企业为主体、社会组织和公众共同参与的环境治理体系”。同时，“扩大人民有序政治参与，保证人民依法实行民主选举、民主协商、民主决策、民主管理、民主监督”。党的二十大报告进一步指出：“健全共建共治共享的社会治理制度，提升社会治理效能。在社会基层坚持和发展新时代‘枫桥经验’，完善正确处理新形势下人民内部矛盾机制，加强和改进人民信访工作，畅通和规范群众诉求表达、利益协调、权益保障通道，完善网络化管理、精细化服务、信息化支撑的基层治理平台，健全城乡社区治理体系，及时把矛盾纠纷化解在基层、化解在萌芽状态。”新时代环境治理现代化建设，是实现“两个一百年”奋斗目标的根本保证、是保障群众环境权益的宗旨的集中体现、是顺利推进新时代环保事业的必然要求，它包括政府学习能力、战略能力、组织能力、创新能力以及引领能力等内容。① 有效的生态环境治理涉及“谁来治理”“如何治理”“治理得怎样”三个问题，分别对应“多元参与”“治理机制”和“监督考核”三大要素。生态环境治理体系建设的重点是“多元参与”“治理机制”和“监督考核”，治理能力的重点是政府主导能力、企业行动能力、社会组织和公众的参与能力。② 新时代的环境治理现代化，赋予了公众更多的知情权、监督权和参与权，在党和政府的有力领导下，公众参与环境治理现代化的路径更为通畅、更为多元、更为有效。

新时代的环境治理现代化，给了公众参与更为广阔的舞台。然而，长期以来形成的固有的环境治理体系，还存在着不少制约性因素，其中一个问题就是多元参与不够。就政府及相关部门层面而言，发展与保护这两张

---

①　编辑部：《加快推进新时代生态环境质量能力现代化建设》，载《中国环境管理》2018 年第 5 期。

②　田章琪、杨斌等：《论生态环境治理体系与治理能力现代化之建构》，载《环境保护》2018 年第 12 期。

皮割裂的现象依然存在。就企业层面而言，社会责任意识不强，落实程度较差，环境成本外部化问题突出。就公众层面而言，信息公开、公众参与仍然不够，知情权、参与权、监督权未得到真正落实。在现阶段，环境治理现代化需要政府的强有力参与，但要更加强调社会和公众的广泛而有效的参与，形成全社会最广泛参与的多中心治理，这既是政府生态治理能力现代化的必然取向，也是政府生态治理能力现代化的必由之路。① 要提升公众参与环境治理现代化的有效性，必须防止和化解非理性的环境公众参与及其带来的负面影响。由于种种原因，公众以制度外各种形式的抗议作为他们环境诉求的现实性表达，这种非理性、非制度化的公众环境参与，最终导致政府、企业和社会三方的对立、冲突和共输。因此，有效规避无序公众参与，构建“政府 + 公众 + 第三方组织”的协商沟通平台，推动政府单向度环境整治转向“多元主体协商治理”，力求促成多元主体合作共治环境的良好局面②，不断强化和优化公众有序参与，则显得格外重要和迫切。

（二）选题意义

1. 从理论层面来看，将环境治理现代化与公众参与结合起来研究，有助于学术界拓宽环境治理现代化的研究领域并使之更加深入和具体；有助于通过系统化、理论化公众参与过程中所积累的经验教训，推动环境治理现代化研究的理论创新。

建立健全公众有序参与环境治理现代化的制度体系，必须从实现国家治理体系与治理能力现代化的战略高度来思考，现代化的治理理念要求从新的视角来认识生态环境治理问题。俞可平认为，建设现代的生态治理体

---

① 张劲松：《去中心化：政府生态治理能力的现代化》，载《甘肃社会科学》2016 年第 1 期。

② 卢春天、齐晓亮：《公众参与视域下的环境群体性事件治理机制研究》，载《理论探讨》2017 年第 5 期。

制，推进生态治理的现代化是建设高度发达的生态文明的必由之路。环境问题虽然跟宏观政治经济体制有关，但直接相关的却是国家的生态治理体制和生态治理能力。当自然环境危害公众的生活质量和人类的生存条件时，生态问题会转变成治理问题甚至是政治问题。① 中国特色社会主义进入新时代，充分尊重人民群众对美好生活的向往，发挥人民群众的首创精神，把环境公众参与推进到新的时代，更需要充分发挥人民群众的主体作用。这既是新时代"以人民为中心"的价值理念的体现，也是新时代马克思主义群众观的内在要求。在国家环境治理体系和治理能力现代化的要求下，一方面要求从整体性政府的视角来认识生态环境治理。环境保护部门并不是生态环境保护职能的唯一履行者，必须发挥其他部门在环境保护中的协作治理作用，建立完善的环境治理体系、推动环境治理能力现代化，应该成为政府各部门工作的重要内容和绩效考核标准。另一方面，要从全社会的视角来认识生态环境治理。"多元共治"成为新《环境保护法》秉持和体现的重要思想和原则，公众参与、环境信息公开以及环境公益诉讼等成为新环保法的重大突破和亮点。现代治理理念的提出，反映了改变过去由政府主导的单中心格局，向政府、市场、社会合作共治的多元格局转变的努力。建立现代化的环境治理体系，要求实现国家管理向治理的转变并将其作为基础性条件，这就为公众有序参与环境治理提供了宏大的社会背景和广阔的舞台。本书正是从这样视角出发，系统深入分析我国公众参与环境治理现代化的阶段划分、"政府—公众"博弈模式、公众参与中存在的问题及其实现路径等，推动环境治理现代化研究的理论创新。

2. 从实践层面来看，将环境治理现代化与公众参与结合起来研究，有助于各级政府对环境治理现代化中的公众参与进行有效明确的预判、引导

---

① 俞可平：《生态治理现代化愈显重要和紧迫》，载《北京日报》2015 年 11 月 2 日。

与规范；有助于公众更好地参与国家环境治理现代化；有助于推动政府主导与公众参与有机结合的中国式环境治理现代化模式早日建成。

在现代社会中，人民主权是现代国家和政治的重要基石，人民参与和监督政府及其管治也是现代民主的题中应有之义。因此，公众参与环境治理现代化正是人民主权及其不断扩大的民主政治权利的现实需求和具体体现，也是社会主义民主政治的本质要求。公众广泛参与环境治理现代化，是环境民主原则在新时代中国民主政治建设方面的重要体现，其本质是社会主义民主在环境治理领域的展开和发展。逐步完善生态环境立法，鼓励和引导公众广泛参与政府的环境决策，通过实行民主选举、民主决策、民主管理、民主监督，为我国的政治体制改革奠定更加坚实的群众基础。公众参与环境治理现代化进程，可以为我国的政治体制改革提供有效场域，在这个具有试点性质的场域中，公众参与为我国的政治体制改革选取一个可行的切入点。环境治理现代化进程中，公众参与的基础是公众的环境权利。从微观民主的视角来看，公众参与就是将公众的因素纳入环境治理现代化的决策中来，从而一方面为公众参与提供具体适宜的开展空间和着手领域，另一方面也可以为环境治理现代化提供民主的合法性基础。这种改革试验是在环境治理现代化的“小视域”，做我国政治体制改革的“大文章”；这个公众政治参与的“小改革”，在相当程度上决定了我国社会主义改革的“大方向”。可以说，这种改革的试验风险较小，而成功概率较大。在这个过程中所积累的经验教训，对于国家治理体系的构建和国家治理现代化的实现都会有一定的启发和借鉴意义。

二、文献综述

党的十八届三中全会首次明确提出“国家治理体系和国家治理能力现代化”的问题，这为我们深入研究环境治理现代化提供了强有力的理论指导。党的十九届四中全会专门研究国家制度和国家治理问题并作出重要决定，必将对推动中国特色社会主义制度更加成熟更加定型、把我国制度优势更好地转化为国家治理优势，产生重大而深远的影响。系统梳理生态文明、环境治理现代化以及公众参与的相关文献，有助于深化对新时代公众参与环境治理现代化的理解和把握。

（一）关于生态文明建设

近年来，随着生态环境问题的挑战日渐严峻，国内外学术界对生态文明及其相关问题的研究也日渐成为理论热点，提出了许多值得关注的理论观点。2007 年，党的十七大报告中首次提出“建设生态文明”，并第一次明确提出当代中国建设生态文明的基本目标：“基本形成节约能源资源和保护生态环境的产业结构、增长方式、消费模式。循环经济形成较大规模，可再生能源比重显著上升。主要污染物排放得到有效控制，生态环境质量明显改善。生态文明观念在全社会牢固树立。”“建设生态文明”这一重大命题的提出，标志着中国在认识与发展自然资源和环境关系方面实现了重大飞跃，是我们党科学发展、和谐发展理念的一次升华，具有划时代的意义。同时，这一重大命题的提出，也为我国学术界把生态文明研究推进到更宽广、更深入的领域提供了丰富的理论营养和巨大的实践支持。2012 年，党的十八大将生态文明建设纳入中国特色社会主义“五位一体”的总布局，强调“建设生态文明，是关系人民福祉、关乎民族未来的长远大计。面对资源约束趋紧、环境污染严重、生态系统退化的严峻形势，必须树立尊重自然、顺应自然、保护自然的生态文明理念，把生态文明建设放在突出地位，融入经济建设、政治建设、文化建设、社会建设各方面和全过程，努力建设美丽中国，实现中华民族永续发展”。2017 年，党的十九大对于生态文明建设给予了更高的要求，“建设生态文明是中华民族永续发展的千年大计。必须树立和践行绿水青山就是金山银山的理念，坚持节约资源和保护环境的基本国策，像对待生命一样对待生态环境，统筹山水林田湖草系统治理，实行最严格的生态环境保护制度，形成绿色发展方式和生活方式，坚定走生产发展、生活富裕、生态良好的文明发展道路，建设美丽中国，为人民创造良好生产生活环境，为全球生态安全作出贡献。”2022年，党的二十大报告中进一步指出：“全方位、全地域、全过程加强生态环境保护，生态文明制度体系更加健全，污染防治攻坚向纵深推进，绿色、循环、低碳发展迈出坚实步伐，生态环境保护发生历史性、转折性、全局性变化，我们的祖国天更蓝、山更绿、水更清。”学术界对于新时代生态文明及其相关问题的研究进入了一个快速发展时期，取得了令人瞩目的理论成就。

1. 关于生态文明的概念界定

从广义角度来看，生态文明是人类社会继原始文明、农业文明、工业文明后的新型文明形态；从狭义角度来看，生态文明是与物质文明、政治文明和精神文明相并列的现实文明形式之一，着重强调人类在处理与自然关系时所达到的文明程度。具体而言，对于生态文明的概念界定，国内外学术界有很多的论述。

在西方生态思想中，对生态文明的认识主要有生态后现代主义、后工业社会、生态现代化、后工业文明等不同的提法。美国学者查伦·斯普瑞雷纳克认为，代表人类发展未来的“生态后现代主义”，是一个寻求超越现代性失败假设的方向，是一个重新将我们的理智建立在身心、自然和地方的现实基础上的方向。她还提出，她所倡导的“生态后现代主义”，在很大程度上与老子关注自然的精妙过程，与孔子强调培养道德领袖及人类对更大的生命共同体的责任感有共同之处。[①] 美国学者莱斯特·R. 布朗指

---

① ［美］查伦·斯普瑞雷纳克：《真实之复兴：极度现代的世界中的身体、自然和地方》，张妮妮译，中央编译出版社2001年版，第4—5页。

出，人类的文明已经陷入危机，必须用经济可持续发展的新道路即 B 模式，来取代现行的经济发展模式即 A 模式，从而创造新的未来。① 美国学者丹尼尔·贝尔是最早提出后工业社会的学者。他把社会划分为前工业社会、工业社会和后工业社会。"后工业社会"的概念强调理论知识的中心地位是组织新技术、经济增长和社会阶层的一个中轴。后工业社会的概念并不是一幅完整的社会秩序的图画，而是描述和说明社会结构（即经济、技术和等级制度）中轴变化的一种尝试。② 虽然后工业社会概念没有直接论述生态文明，但从更广泛的意义上说，后工业社会的这些特征其实都包含于生态文明的理论特征之内。俄罗斯学者伊诺泽姆采夫基于马克思主义理论的视角，敏锐地提出后工业社会的后经济性。他认为，作为后经济社会的后工业社会的到来是共产主义基本原则的实现，后工业社会不是工业社会的"量的"扩展，而是人类文明的一次重要的历史性转折。他还指出，生态问题的尖锐性大大降低，也是后工业主义最伟大的成就之一。③ 美国著名未来学家阿尔温·托夫勒、海蒂·托夫勒认为，以科技信息革命驱动的第三次浪潮，正在彻底改变建立在工业革命之上的现代文明。这一革命性的变迁已波及人类生活的所有领域，从而使一个崭新的文明初见端倪。这个新的文明带来了全新的生活方式。它是以多样化和再生能源为基础的，它为我们重新制定了行为准则，并使我们超越标准化、同步化和集中化，超越能源、货币和权力的积聚化。④20 世纪 80 年代，德国学者马

① ［美］莱斯特·R. 布朗：《B 模式 2.0：拯救地球，延续文明》，林自新等译，东方出版社 2006 年版，第 1 页。

② ［美］丹尼尔·贝尔：《后工业社会的来临——对社会预测的一项探索》，高铦等译，新华出版社 1997 年版，第 124、132 页。

③ ［俄］B.JI. 伊诺泽姆采夫：《后工业社会与可持续发展问题研究》，安启念等译，中国人民大学出版社 2004 年版，第 12—13、129 页。

④ ［美］阿尔温·托夫勒、海蒂·托夫勒：《创造一个新的文明：第三次浪潮的政治》，陈峰译，生活·读书·新知三联书店 1996 年版，第 3 页。

丁·杰内克、约瑟夫·胡伯等提出的生态现代化理论，已经成为发达国家环境社会学的一个主要理论。它要求采用预防和创新原则，推动经济增长与环境退化脱钩，实现经济与环境的双赢。生态现代化是一种利用人类智慧去协调经济发展和生态进步的理论，以工业生态学为核心概念，以可持续发展为重要目标，通过协调经济与环境的关系，不仅促进经济和生态可持续发展，而且为可持续发展提供了理论框架。①

在国内，学者们对生态文明也有不同的理解。潘岳认为，生态文明是指人类遵循人、自然、社会和谐发展这一客观规律而取得的物质与精神成果的总和；是指以人与自然、人与人、人与社会和谐共生、良性循环、全面发展、持续繁荣为基本宗旨的文化伦理形态。②俞可平认为，生态文明就是人类在改造自然以造福自身的过程中为实现人与自然之间的和谐所做的全部努力和所取得的全部成果，它表征着人与自然相互关系的进步状态。生态文明既包括人类保护自然环境和生态安全的意识、法律、制度、政策，也包括维护生态平衡和可持续发展的科学技术、组织机构和实际行动。如果从原始文明、农业文明、工业文明这一视角来观察人类文明形态的演变发展，那么，生态文明作为一种后工业文明，是人类社会一种新的文明形态，是人类迄今最高的文明形态。③有学者认为，生态文明就是在深刻反思工业化沉痛教训的基础上，人们认识和探索到的一种可持续发展理论、路径及其实践成果。可以说，生态文明是对农耕文明、工业文明的深刻变革，是人类文明质的提升和飞跃，是人类文明史的一个新的里程碑。它并非只是生态、环境领域的一项重大研究课题，而是人与自然、发

① 黄海峰、刘京辉等编著：《德国循环经济研究》，科学出版社 2007 年版，第 326 页。

② 潘岳：《社会主义生态文明》，载《学习时报》2006 年 9 月 25 日。

③ 俞可平：《科学发展观与生态文明》，载薛晓源、李惠斌主编：《生态文明研究前沿报告》，华东师范大学出版社 2007 年版，第 18 页。

展和环境、经济与社会、人与人之间关系协调、发展平衡、步入良性循环的理论与实践，是人类社会跨入一个新的时代的标志。[①] 也有学者认为，生态文明是超越工业文明的、以解决人类和自然之间危机为使命的、关乎人类未来和发展命运的崭新的人类与自然之间的关系模式，是对人类与自然之间关系的理论反思与实践调整，力图实现二者之间的“和谐”与共生。它是人类文明发展史上的崭新阶段。它为人类指明了发展的方向并构建了美好的蓝图。简言之，生态文明就是以人与自然环境和谐为基本特征的新的文明阶段。它同时包含了一系列为此而进行的制度设计和安排，又可称为环境文明或绿色文明。[②]

可见，虽然不同的学者从不同的理论视角对生态文明有不同的界定，但这些界定所论述的生态文明的内涵、本质及其特征有着基本的一致性。

2. 关于生态文明与社会主义

有关生态文明与社会主义的关系，以及社会主义生态文明的相关问题，学术界也进行了许多有益探索。

有学者认为，社会主义社会应该是人类文明史上的一场质的变革，应该是一个经济发达、社会公正、生态和谐的新型社会。这个社会必然采取可持续发展模式，必然走生态经济的道路。生态经济模式是可持续法则对所有人都有制约的经济活动，而社会主义制度正是实现生态经济的根本保证。[③] 法国左翼理论家安德烈·高兹建设性地提出了生态社会主义的现代化道路。他认为，在资本主义条件下，经济合理性与生态合理性互相矛盾，必须对二者进行重建才能解决冲突。资本主义导向的生态重建只能导致“绿色资本主义”“绿色消费主义”。生态社会主义的现代化意味着范式

---

① 春雨：《跨入生态文明新时代——关于生态文明建设若干问题的探讨》，载《光明日报》2008 年 7 月 17 日。

② 王宏斌：《生态文明与社会主义》，中央编译出版社 2011 年版，第 6 页。

③ 潘岳：《社会主义生态文明》，载《学习时报》2006 年 9 月 25 日。

的转换，其目的是减少经济合理性和商品交换关系的适用范围，使发展从属于非定量的社会文化目标及个人的自由发展。乔治·拉卡比指出，生态运动使更多的人客观上集结在社会主义的旗帜下，其发展结果必然导致社会主义。只有社会主义才能拯救地球。①

有学者认为，生态文明体现了社会主义的基本原则，并理应成为社会主义文明体系的基础。英国学者、著名的生态社会主义理论家戴维·佩珀所主张的生态社会主义的经典原则，如"真正基层性的广泛民主、生产资料的共同占有、社会与环境公正、相互支持的社会——自然关系"等②，恰恰就构成了社会主义社会的基础。生态文明反对极端人类中心主义和极端生态中心主义，强调以人为本的原则，即认为人是价值的中心，但不是自然的主宰，人的全面发展必须促进人与自然的和谐。社会主义的物质文明、政治文明和精神文明都离不开生态文明。人类要追求高度的物质享受、政治享受和精神享受，离开良好的生态条件是无法想象的；没有生态安全，人类自身就会陷入不可逆转的生态危机。潘岳指出："生态文明为各派社会主义理论在更高层次上的融合提供了发展空间，社会主义为生态文明的实现提供了制度保障。"③

也有学者从当代中国建设生态文明的历史局限性与超越性的视角进行了深入论证。所谓当代中国建设生态文明的历史局限性，是指当代中国的生态文明之路是在较低的生产力发展状况和较低的社会发展阶段展开的，生态文明建设未能很好地体现社会主义制度的优越性。因此，在当代中国，生态文明建设体现出明显的、带有鲜明时代特征的局

---

① 参见王学东、陈琳等：《九十年代西欧社会民主主义的变革》，中央编译出版社 1999 年版。

② ［英］戴维·佩珀：《生态社会主义：从深生态学到社会正义》，刘颖译，山东大学出版社 2005 年版，第 3 页。

③ 潘岳：《社会主义生态文明》，载《学习时报》2006 年 9 月 25 日。

限性。所谓当代中国建设生态文明的历史超越性，是指作为当代世界最大、最有希望的社会主义国家，中国对社会主义的理论探索和实践创新举世瞩目，中国特色社会主义基本上代表了当代世界社会主义发展的水平，因此，中国在生态文明建设方面做出的努力、取得的成就和对世界生态文明建设做出的贡献，就不仅是中国在发展过程中的自我超越，同时也是社会主义在生态文明建设方面对资本主义的历史性超越，从一定意义上来说，这种超越可以在很大程度上决定生态文明乃至社会主义的未来。①

客观地说，国内外学术界对生态文明的多角度探讨，对我国建设生态文明具有重要启示。我国学术界在生态文明的内涵、特征、发展路径、制度保证、实践探索等方面的研究达到了一定的水平，对生态文明理论体系的构建与发展做了大量的探索，其中有些是具有原创性的探索，从而为生态文明理论与实践的发展作出了贡献。然而，就研究现状而言，无论是从研究深度还是全面性上来看，国内外学术界对我国生态文明建设发展路径的层次性研究不够，对生态文明建设所应采用的经济发展路径、所要依赖的社会政治环境及其发展路径的研究还有待深入，尤其是相关的对策性研究还需细化和完善。

（二）关于环境治理现代化

党的十八届三中全会提出国家治理体系和治理能力现代化的命题以来，国内学术界关于环境治理现代化的研究日渐丰富。学者们从环境治理现代化提出的时代背景、本质内涵、存在的问题、实现路径等方面进行了多方面的较为系统的探索和研究，取得了重要进展。

---

① 王宏斌:《生态文明与社会主义》，中央编译出版社 2011 年版，第 181—186 页。

1. 关于环境治理现代化提出的时代背景

党的十八大以来，党中央、国务院把生态环境保护摆在更加重要的战略地位，进一步改革完善体制机制，生态环保从认识到实践都发生了重要变化，我国环境保护力度前所未有，进程加速推进，部分地区环境质量有所改善。但总体而言，我国环境问题的复杂性、紧迫性和长期性没有改变，十几亿人口的现代化过程，面临的压力、挑战与其他国家可比性不强。这么快的速度、这么短的时间，环境压力比世界上其他国家都大，污染治理和环境质量改善的任务十分艰巨，难度前所未有。完善环境保护治理体系，增强环境治理能力，是贯彻落实党的十八届三中全会关于全面推进生态文明体制改革要求的重要任务，是贯彻落实党的十八届四中全会依法治国精神和新《中华人民共和国环境保护法》的内在要求，是推进国家治理体系和治理能力现代化的必要举措，是加快解决生态环境问题、改善环境质量、满足人民群众期待的重要保障。杜飞进认为，推进中国特色环境治理现代化，加强社会主义生态文明建设，是破解资源能源、环境污染问题，建设美丽中国、实现中华民族永续发展的根本之举，是“五位一体”总体布局的重要组成部分，也是全面建成小康社会的重要内容。①

2. 关于环境治理现代化的本质内涵

沈佳文认为，国家生态治理能力现代化集中体现于运用相关制度治理生态环境、建设生态文明的能力水平，其本质要义在于如何更好实现治理主体多元化而治理步调协同化，治理成本最小化而治理效果最大化，治理手段信息化而治理水平科学化，治理机制市场化而治理理念社会化。② 张

① 杜飞进:《论国家生态治理现代化》，载《哈尔滨工业大学学报》(社会科学版) 2016 年 5 月。

② 沈佳文:《推进国家生态治理体系和治理能力现代化的现实路径》，载《领导科学》2016 年 2 月。

晓忠认为，政府生态治理包括主体、价值、功能、制度、方法与运行等现代化体系，其中主体体系起到引领全局的重要作用。各主体的角色职能定位应该是：政府主导、市场主演、社会协作、公众参与及媒体监督。政府生态治理主体体系现代化不仅仅在于主体体系本身的构建与完善，更重要的还在于使其“现代化”，即更加侧重于治理结构的调整与变革。[①]有学者认为，环境治理现代化更多强调的是生态环境建设目标从单一注重数量向数量、质量、结构和功能“四位一体”方向转变；生态环境建设模式从行政主导向合作共治转变；生态环境建设手段从刚性命令式向柔性协商式转变。[②]有学者认为，新时代环境治理现代化建设，是实现“两个一百年”奋斗目标的根本保证、是保障群众环境权益的宗旨的集中体现、是顺利推进新时代环保事业的必然要求，它包括政府学习能力、战略能力、组织能力、创新能力以及引领能力等内容。[③]有效的国家生态环境治理涉及“谁来治理”“如何治理”“治理得怎样”三个问题，分别对应“多元参与”“治理机制”和“监督考核”三大要素。生态环境治理体系建设的重点是“多元参与”“治理机制”和“监督考核”，治理能力的重点是政府主导能力、企业行动能力、社会组织和公众的参与能力。[④]

3. 关于环境治理现代化进程中存在的问题

解振华认为，我国的环境治理体系已成为加快生态文明建设的短板，要完善这一体系需要从问题着手，主要关注五大问题：一是保护与发展失

---

① 张晓忠：《政府生态治理现代化主体体系构建与结构变迁》，载《福州大学学报》（哲学社会科学版）2016 年第 5 期。

② 沈佳文：《公共参与视角下的生态治理现代化转型》，载《宁夏社会科学》2015 年第 5 期。

③ 编辑部：《加快推进新时代生态环境质量能力现代化建设》，载《中国环境管理》2018 年第 5 期。

④ 田章琪、杨斌等：《论生态环境治理体系与治理能力现代化之建构》，载《环境保护》2018 年第 12 期。

衡；二是政府和市场职能定位不清，环境治理中片面强调运用行政手段；三是职能交叉重叠，缺乏有效的协同与合作机制；四是事权和支出的投入责任不匹配，一些中央层面的法律和政策缺乏有效的实施机制；五是社会组织与公众参与制度不完善，渠道不畅、能力薄弱。李干杰认为，在环境行政执法体系方面，现行法律法规对环保部门的执法授权仍有不足，环保部门统一监管手段薄弱，一些地方重发展轻环保、干预环保执法，使环保责任难以落实；在环境治理体系方面，一个非常突出的问题就是多元参与不够。长期以来，这是一块明显的短板。就政府及相关部门层面而言，发展与保护这两张皮割裂的现象还相当严重。就企业层面而言，社会责任意识不强，落实程度较差，环境成本外部化问题十分突出。就公众层面而言，信息公开、公众参与仍然不够，知情权、参与权、监督权未得到真正落实。孙荣认为，随着大数据技术的运用，借力大数据推进我国环境治理现代化面临着三大挑战，即数据是否开放共享及能否保证数据质量、能否掌握大数据分析的关键技术并且融合多学科的特长、管理数据能否适应数据化决策。[①] 唐代兴认为，要从根本上解决已经严重影响到国家存在发展的自然环境问题，既要正视环境问题本身，更要正视环境问题产生的原因，即人的问题和由人组建起来的社会问题。探讨国家环境治理体系和治理能力现代化，必须解决两个根本性问题：对环境的基本认知和对环境与人、环境与社会之间的变动关系准确把握。[②]

4. 关于环境治理现代化的实现路径

陈吉宁认为，生态文明在中国发展全局中至关重要，生态环境保护从认识到实践都发生了历史性、根本性变化。中国在环境保护制度建设、绿

① 孙荣、张旭：《国家生态治理现代化的云端思维》，载《情报科学》2017 年第 7 期。

② 刘俊哲：《环境治理体系和治理能力现代化的根本问题与基本路径——简评唐代兴〈国家环境治理研究〉》，载《四川省社会主义学院学报》2018 年第 1 期。

色发展、环境治理、全民认识等方面都有明显进步。中国将从五个方面加快环境管理转型和创新，提升环境治理的现代化水平：系统化、科学化、法治化、精细化、信息化。[①] 俞可平从五个方面阐述了他的建议：一是坚持“绿色发展”理念；二是完善生态治理的制度体系，推进生态保护的标准化建设，健全生态治理的行业规范，将生态治理纳入法治化轨道；三是扩大公民参与，努力实现生态领域的官民共治和社会共治；四是更加重视生态领域的公平正义，努力维护生态保护过程中的公平正义；五是以更加开放务实的态度，学习借鉴发达国家在生态治理方面的先进经验。[②] 张劲松认为，生态治理要有政府参与，但要去政府中心，这是政府生态治理能力现代化的必然取向；而且还要形成全社会最广泛参与的多中心治理，这是政府生态治理能力现代化的必由之路。[③] 吴舜泽认为，加强环境社会治理，既是推进国家治理体系和治理能力现代化的必然要求，也将倒逼政府主导型环境管理方式改革转型。新的历史时期，在全面审视厘清政府、企业、公众权责及其相互关系的基础上，应主动公开政府和企业环境信息，推动公众行动型、监督型和决策型参与，推动绿色消费革命与公众参与的转型升级，形成多元共治、良性循环的国家环境治理体系，让公众在环境治理进程中有获得感和认同度。[④] 陈小燕等认为，“互联网＋”为生态治理从传统的生态管制向生态共治的转型提供了平台和途径，对政府、企业、公众等生态治理相关主体都会产生深刻的影响和变化[⑤]。周建新认为，

---

① 张一鸣：《环境保护部部长陈吉宁：五方面着手提升环境治理现代化水平》，《中国经济时报》2017 年 3 月 20 日。

② 俞可平：《生态治理现代化越显重要和紧迫》，《北京日报》2015 年 11 月 2 日。

③ 张劲松：《去中心化：政府生态治理能力的现代化》，载《甘肃社会科学》2016 年第 1 期。

④ 吴舜泽：《加快环境社会治理体系建设》，载《社会治理》2015 年第 3 期。

⑤ 陈小燕、李敏纳：《从生态管制到生态共治——“互联网 +”时代的生态治理现代化转型》，载《环境保护与循环经济》2017 年第 5 期。

应该从理念、主体、方式、法律体系等方面实现环境治理现代化。① 唐玉青认为，在生态治理现代化的过程中，生态政府、生态企业、生态公民的逐步构建是实现生态治理体系和治理能力现代化的必要途径。② 有学者认为，要实现新时代环境治理现代化，需要全面加强党的领导、加强制度建设、切实加强环保队伍建设、加快改进工作方式方法、深化机构改革等。③

5. 环境治理现代化的概念梳理

通过对文献的系统梳理，笔者认为，所谓环境治理现代化，包含环境治理体系和治理能力的现代化两个方面，就是使国家环境治理体系制度化、科学化、规范化、程序化，使国家环境治理者善于运用法治思维和法律制度治理环境。

环境治理体系和治理能力现代化，是加快推进生态文明建设、促进环境质量改善的基础保障。环境治理体系和治理能力是软实力，直接决定着环境治理的成效。环境治理的创新在于共管共治，切入点在于转变政府职能，落脚点在于促进公平正义，基础在于制度建设，基本方式在于法治，本质特征在于民主。只有实现环境治理体系和治理能力的现代化，才能为生态文明的建设和发展提供制度保障，才能进一步完善和发展中国特色社会主义制度。

衡量一个国家的环境治理是否现代化，可以参考以下四个评价标准。其一，环境治理的观念系统是否现代化。现代化的环境治理理念应具备三

① 周建新：《对我国生态环境治理现代化的思考》，载《管理观察》2018 年第 4 期。

② 唐玉青：《多元主体参与：生态治理体系和治理能力现代化的路径》，载《学习论坛》2017 年第 2 期。

③ 编辑部：《加快推进新时代生态环境质量能力现代化建设》，载《中国环境管理》2018 年第 5 期。

个特征：理念的战略性和前瞻性，理念的包容性和共享性，理念的根植性和开放性。其二，环境治理的结构系统是否现代化。其基本要素是：治理主体框架合理，权力界限清楚明晰，制衡机制科学有效。其三，环境治理的制度系统是否现代化。现代化的环境治理制度系统包括制度体系规范化，制度体系高效化，制度体系法治化。其四，环境治理的能力系统是否现代化。环境治理能力现代化是实现环境治理现代化的根本出发点和落脚点。①

（三）关于公众政治参与

公众政治参与是政治行为的具体表现，是政治理论与实践的核心内容之一。近年来，国内外学术界对公众政治参与的研究涉及其概念界定、类型、影响因素、功能、路径选择等。

1. 关于公众政治参与的概念界定

概括而言，西方学术界对于公众政治参与概念的理解存在两种不同的视角。一种是从参与结果审视政治参与的价值，认为政治参与是实现某种政策结果的工具，是为“工具主义”（instrumental approach）；另一种是从参与行动对参与者自身发展的角度审视政治参与，认为政治参与是参与者实现群体和自我发展的重要方式，是为发展主义（developmental approach）②。具体而言，西方学术界对政治参与含义有如下几种理解：第一，政治参与是一种试图影响政府决策的活动。亨廷顿与纳尔逊在《难以抉择——发展中国家的政治参与》一书中提出，所谓政治参与是指“平民试图影响政府决策的行为”。第二，政治参与是一种出于自愿的活动。帕

① 参见沈佳文：《推进国家生态治理体系和治理能力现代化的现实路径》，载《领导科学》2016 年 2 月。

② Carole. J. Uhlaner，Political Participation，Rational Actors，and Rotionality: A New Approach，*Political Psychology*，1986，（3）.

特里克·孔奇认为："政治参与是在政治体制的各个层次中，意图直接或间接影响政治抉择的个别公民的一切自愿的活动。"第三，著名的《布莱克威尔政治学百科全书》认为"政治参与是大量普通公民参与政治的活动"，并明确指出政治参与的对象包括了政治家、政府官员和普通公民，政治参与的方式是在政治制度内参与政策的形成过程。

国内学者对公众政治参与概念的界定也有所不同。王浦劬认为，政治参与是普通公民通过各种合法方式参加政治生活的行为，它影响了政治体系的运行规则、运行方式和政策过程，体现了公民在政治生活中的地位与作用，是其实现政治权利的重要方式。① 王锡锌认为，政治参与是指公共权力在做出立法、制定公共政策、决定公共事务或公共治理时，由公共权力机构通过开放的途径从公众和利害关系人或组织获取信息，听取意见，并通过反馈互动对公共决策和治理行为产生影响的各种行为。② 邢淑英认为，政治参与是公民广泛参与到社会管理之中，调动一切有利于社会稳定的积极因素，排除一切不利于社会稳定的消极因素，充分发挥人民在国家管理中的作用，增强社会与政府、公民与政府的合作，提高社会自我管理、自我服务和自我发展的能力。③ 王维国认为，政治参与的核心问题与实质是公民的政治权利尊重、保障和救济问题，即所有应获得平等的政治权利，即平等的被选举权，立法、行政和司法参与权和监督权。④

2. 关于公众政治参与的类型

"公众参与阶梯理论"提出，根据公民参与过程中主导或者发动参与

---

① 参见王浦劬：《政治学基础》，北京大学出版社 1995 年版。

② 王锡锌：《行政过程中公众参与的制度实践》，中国法制出版社 2008 年版，第 12—17 页。

③ 邢淑英：《借鉴国际经验充分发挥公众与社会管理的基础作用》，载《新远见》2012 年第 7 期。

④ 王维国：《公民有序政治参与的途径》，人民出版社 2007 年版，第 16 页。

的力量来源、公民对政务信息的知晓与把握程度、主要的参与手段、自治管理程度等标准，分为操纵、引导、告知、咨询、劝解、合作、授权、公众控制等 8 种形式的公民参与，可以归纳为非实质参与形式（彻底的假参与）、表面参与、深层次的表面参与、深度参与（完全型参与）四个层次。① 根据驱动因素的不同，王明生将政治参与分为利益驱动型、理想信念型、榜样案例示范型、特殊职业属性驱动型、特殊事件和议题点发型、仇恨泄愤型、表达支持型、虚拟途径激发型、响应号召型。② 也有学者将其分为信念型参与、分配型参与、服从性参与和强制性参与。③ 方江山根据参与和制度的关系，将政治参与划分为制度内参与、制度边缘参与、制度外参与。其中，制度内参与是合法的，制度外参与可能合法也可能不合法，制度边缘参与则有合理但不合法、合理但目前暂不合法、合理并有可能在以后纳入合法体系三种情况。④ 王浦劬将政治参与分为历时类型与共时类型。历时类型与不同民主政治的历史发展相关，纵向来看可以分为资本主义国家的政治参与和社会主义国家的政治参与两类。共时类型与每个历史阶段上政治参与的程度相关，横向表现来看，按照公民是否对于自身权益具有行为能力以及是否作为划分标准，可以分为自动参与、动员参与和消极参与三种。⑤ 也有学者根据公民政治参与的程度，将政治参与分为政府主导型、象征型和完全型。政府主导型政治参与表现为政治民主化程度较低，政府精英起到绝对支配作用，公民的参与十分被动；象征

---

① 贾西津主编：《中国公民参与：案例与模式》，社会科学文献出版社 2008 年版，第 245—262 页。

② 参见王明生：《当代中国政治参与研究》，南京大学出版社 2012 年版。

③ 参见陶东明：《当代中国政治参与》，浙江人民出版社 1998 年版。

④ 方江山：《非制度政治参与：以转型期中国农民为研究对象》，人民出版社 2000 年版，第 35 页。

⑤ 王浦劬：《政治学基础》，北京大学出版社 1995 年版，第 210—213 页。

型政治参与表现为政治民主化有所发展，公民权利意识开始觉醒，公民参与能力和组织化程度逐步提升；完全型政治参与表现为公民资格意识成熟，参与热情高涨，积极能动地参与并对政策过程具有实质性影响力。①肖唐镖等从影响类型、结果范围、主动性要求、冲突水平、合作性与风险程度等维度，构建了我国公民政治参与的5种类型学框架，即投票、竞选、接触、沟通、抗争。②

3. 关于公众政治参与的影响因素

有学者从经济发展与政治参与的关系进行了阐述。在大多数情况下，一个国家的经济政治发展水平与其政治参与的水平，自主政治参与的比例是呈正相关的。具体而言，政治参与的水平受到社会经济地位的影响，社会经济发展也导致各种组织和协会的壮大，促进了政治参与。同时经济和社会现代化带来了新旧集团之间的紧张和冲突，容易形成集团政治。经济发展也促使了政府职能的扩大，公民权利意识的增强，使得政治参与变得更加积极而主动。③罗伯特·达尔从政治心理的角度入手，认为人们是否愿意介入政治，与以下因素有关：一是从政治介入中得到的报酬价值；二是介入政治所面临的各项选择之间的差异；三是介入政治所获得的政治效能感；四是对政治结局满意的评估；五是个人的知识能力限制；六是介入政治可能遇到的障碍因素。④杨光斌从社会环境与社会地位视角进行了分析。他认为，在社会环境中的年龄、性别、种族、居住地、职

---

① 孙柏英：《公民参与形式的类型及适用性分析》，中国人民大学出版社2005年版，第124—129页。

② 肖唐镖、易申波：《当代我国大陆公民政治参与的变迁与类型学特点》，载《政治学研究》2016年第5期，第102页。

③ ［美］格林斯坦、波尔斯比：《政治学手册精选：下册》，商务印书馆1996年版，第189—195页。

④ ［美］罗伯特·达尔：《现代政治分析》，王沪宁译，上海译文出版社1987年版，第131—137页。

业、收入、教育、宗教信仰等要素，都与政治参与有着密切联系。而在这些变量中，教育又是影响政治参与最多的要素，与政治参与关系也最为密切。教育增强了公民的义务观念，进而培养公民的政治竞争意识和责任感。① 阿尔蒙德将政治文化划分为地域型、依附型和参与型政治文化三种类型。社会成员会受到政治文化的制约，进而影响其政治参与的行为。地域型政治文化体系内成员几乎没有政治参与，依附型政治文化体系内有一定规模的被动型政治参与，参与型政治文化体系内公民积极主动参与政治。②

4. 关于公众政治参与的功能

蒲岛郁夫认为，公民可以从政治参与中学习如何发挥自身政治作用，获得政治参与的效能感，因而变得更加关注政治，对政治的依赖感也增强。公民通过政治参与对政治统治合法性更加认可，具备了一种宽容精神，学会用参与、沟通、协商的方式来表达政治诉求，增强了对政治体制的归属感。公民政治参与带来的是民主意识的形成、政治参与技巧的提升、政治参与方式的民主与和平，从而有利于政治体系的民主运行。③ 亨廷顿认为，一方面，政治参与促进了公民对政治权威和政治体系的合法性认同，通过政治参与的途径，公民可以进行有效的利益表达，进而形成一种利益耦合机制，促进社会的稳定与和谐发展；另一方面，政治参与也并非与政治稳定总是呈现正相关关系。一个国家如果政治制度化方面比较落后，那么公民对政府的要求就很难通过合法渠道进行表达，进而导致矛盾与冲突无法及时缓解。在这样的情境下，政治参与的剧增反而会导致政治动乱的产生。亨廷顿用“政治参与／政治制度化＝政治动乱”的公式具体

① 杨光斌：《政治学导论》，中国人民大学出版社 2011 年版，第 316 页。

② 冉伯恭、曾纪茂：《政治学概论》，上海人民出版社 2008 年版，第 75—76 页。

③ 参见［日］蒲岛郁夫：《政治参与》，解莉莉译，经济日报出版社 1989 年版。

阐释了政治参与、政治制度化、政治动乱三者间的关系。① 王浦劬认为，带有支持性的政治参与能够加强政府推进经济增长政策的力量，由于经济增长与社会的活力不可分割，政治参与也就获得了对于经济发展效率的积极作用。政治参与不仅实现了公民与政府间的信息交流沟通，更促进了公民许多直接利益的实现。因而公民对国家与社会的满意程度也不断提高，公民更有意愿为经济发展做贡献，经济发展也有了取之不尽的动力源。但如果政治参与者组成特殊利益集团，仅以影响利益分配为目的，就会降低经济增长政策的效率，同时因政治参与而可能引起的政治不稳定也会成为阻碍经济增长的因素。另外，王浦劬认为政治参与会影响政治文化的发展。政治文化的内涵是丰富的，它包含了公民的政治意识、政治态度和政治情感。通过政治参与，公民对国家的责任感提高了，对政治体制也更具一种宽容精神。更为重要的是，在政治参与的过程中，公民的权利义务意识、政治效能感和政治责任感得到增强。政治参与是公民通过自我教育实现政治社会化的重要手段。②

5. 关于网络政治参与

近年来，随着信息化水平的不断提升，网络政治参与作为一种新型的政治参与形式，日益受到关注。因其开放性、便利性的特点，在极大推动了公众进行政治参与的积极性、主动性和广泛性的同时，也出现了一些新的问题。学术界关于公民网络政治参与的研究，集中在其功能、困境及其解决办法等方面。

毛寿龙认为，网络政治的发展有助于政治参与深度、广度较大程度地提高，公民通过网络了解政府的非机密信息，并在一定程度上参与政府决

---

① ［美］塞缪尔·F. 亨廷顿：《变化社会中的政治秩序》，王冠华、刘为译，上海人民出版社 2008 年版，第 42 页。

② 王浦劬：《政治学基础》，北京大学出版社 1995 年版，第 226—229 页。

策，从而提高其民主意识和民主观念。[1] 陶建钟认为，公民可以较为容易地通过网络介入国家政治生活，了解政府的政要、服务及其实施情况等，超越时空限制和其他网民或者政治家进行观点交流和意愿表达，从而在一定程度上参与和影响公共决策，促进公民政治权利和民主思想的发展。[2] 有学者认为，传统政治参与有助于建立公众和政府之间的信任关系、增强政府授权和官民合作，相比而言，网络政治参与作为传统政治参与的补充，将线上线下政治参与方式融合，产生了积极效果，但实现融合的具体方式尚未有清晰的研究。[3] 孙飞重点阐明了网络政治参与对社会政治产生的重要意义，即：网络政治参与是政治参与发展的必然结果，它部分弥补了现实政治表达的“贫困”状态，推动了政治社会化，增强了公民主人翁责任感。网络政治参与形成的网络舆论起到了“晴雨表”作用，有助于政府加快解决有关舆论焦点议题。[4]

网络政治参与是一把双刃剑。有学者指出，无序的网络政治参与表现在三个方面：公民在参与过程中不认同现有的政治权威，违反宪法和法律设定的秩序；公民在政治参与过程中缺乏独立做出价值判断的理性；公民参与范围超出其能力所及，参与力度超出社会承受力和制度供给的范围。[5] 俞可平认为政治参与的危机体现在四个方面：政治参与的积极性较差；政治参与中公民与政府的冲突；非制度化参与途径的大量出现；政治参与有序性未能达到标准。有学者认为，“围观式政治参与”造成了诸多网络政治参与的乱象，如网络暴力、欺诈与恶意炒作、“群体极

① 毛寿龙：《“网络政治”带来了什么》，载《人民论坛》2007 年第 16 期。

② 陶建钟：《我国网络政治参与的发展条件》，载《学习与实践》2008 年第 5 期。

③ 孙萍、黄春堂：《国内外网络政治参与述评》，载《中州学刊》2013 年第 10 期。

④ 孙飞：《浅析网络政治参与》，载《新西部》2007 年第 22 期。

⑤ 华建琼：《当代中国公民网络政治参与的无序性及规范》，载《中共乐山市委党校学报》2010 年第 6 期。

化”等。[1]

张爱军等认为，营造网络优化政治环境、强化网民政治参与、畅通网民政治渠道是提高人民幸福指数、实现人们对美好生活向往的重要途径。网络既是政治焦虑发泄的平台，也是缓解政治焦虑的平台。维护宪法权威和尊严、净化网络道德空间、提高网络技术治理水平、强化网民政治参与、顺畅网络政治流通等是化解网络政治焦虑引发社会舆论的基本途径。[2] 左才认为，互联网时代给中国的国家治理带来了巨大的积极影响，为治理转型创造了广泛的社会动力，也深刻影响和重塑着政府与社会的互动模式。自由开放的网络空间为民意的表达和释放提供了出口，是社会的“安全阀”。无论国家的政体形式，网络应用能推动公众偏好的表达和信息自下而上的传输，降低信息收集和传输的成本，推动决策的民主化与科学化。在保证网民政治参与的同时，网络时代需要国家有效管理和引导网络舆论来遏止网络谣言等不端行为以维护社会的稳定大局，主要途径有维护网络安全、保护公民隐私、打击网络犯罪和加强对非法内容的管制，包括对威胁国家安全与利益的页面内容以及特殊色情内容的管制。[3] 吴洁认为，为了助力我国政治现代化建设，还需完善网络法治、构建电子政府、提升公民政治参与素养，加快提升公民网络政治参与的有序性。[4]

6. 关于环境群体性事件

近年来，国内学术界对环境群体性事件的概念界定、类型、发生原

---

① 王雁：《大学生网络政治参与的困境探讨》，载《中国青年研究》2014 年第 2 期。

② 张爱军、秦小琪：《网络政治焦虑与舆论传播失序及其矫治》，载《行政论坛》2018 年第 5 期。

③ 左才：《网络社会与国家治理研究》，载《南开学报》（哲学社会科学版）2018 年第 5 期。

④ 吴洁：《加快提升公民网络政治参与的有序性》，载《人民论坛》2019 年第 6 期。

因、治理对策的研究都取得了较快的进展。

在国外学者的语境里，环境群体性事件被称为环境抗争，它是指遭受环境危害的公众为维护自身在适宜环境中生产生活的权利而采取的一系列集体行为，具有很大的自发性。[①] 付军等以环境和社会系统为基础对环境群体性事件进行定义，认为环境群体性事件是指社会背景下环境因素相互作用而引发的群体性事件，以环境因素为诱因，以公众非法聚集为表现形式，并对维护社会和谐稳定产生一定的负面作用。[②] 有学者认为，环境群体性事件是指因环境矛盾而引发的，由部分公众参与并以多种方式对企业和政府造成影响，以达到维护自己因环境问题而受到侵害的合法权益，具有一定地域性、规模性、可预见性、反复性、仿效性和危害性的群体行为。[③] 尹文嘉认为，环境群体性事件具有演化的过程，将其定义为由环境破坏引发公众担忧进而诱发公众抗争的群体性事件。[④] 也有学者认为，环境群体性事件是指因环境问题引发的具有一定社会影响的公共危机事件。它的发生是因为事件参与者所置身的环境已经遭到破坏或即将遭到破坏，而采取集体抗议来捍卫自己的环境权益的一种参与者诉求单一、组织化程度低、情绪容易失控的民生群体性事件。它具有发生领域广、发生频率高、共鸣性强、参与者顾虑少、动员速度快、类型方式多种多样、效果

---

① KELLY R P，COOLEY S R，KLINGE R T. *Narrativescan Motivate Environmental Action: the Whiskey Creek Ocean Acidification Story*. Ambio.2014，43（5）：592–599. 转引自揣小明、韩菁雯、王爱辉：《环境群体性事件成因与对策研究综述》，载《武汉理工大学学报》（信息与管理工程版）2017 年第 6 期。

② 付军、陈瑶：《PX 项目环境群体性事件成因分析及对策研究》，载《环境保护》2015 年第 43 期。

③ 张有富：《论环境群体性事件的主要诱因及其化解》，载《传承》2010 年第 11 期。

④ 尹文嘉、刘平：《环境群体性事件的演化机理分析》，载《行政论坛》2015 年第 2 期。

明显、事件成因复杂以及酝酿发酵时间长等特点。[①]

关于如何对环境群体性事件进行有效治理，李修棋主张，政府在做出存在风险的环境决策时，必须具备在风险社会时代背景下的风险管理思维；政府在风险决策中应注意信息公开、信息交流和信息传播；加强环境决策的公众参与，丰富公众参与形式，让真实的民意得以通过多种正常途径表达并在决策中予以体现。[②] 无论是在既成污染型环境群体性事件，还是预防风险型环境群体性事件中，对于事件的控制和应对，基层政府都在不同程度上表现出“被动性”和“人为性”。为此，当务之急是通过规范政府的行动立场，规范政府的生态补偿行为及干预事件的行政行为，规范环境利益受损方的维权行动，规范传统媒体与新媒体的舆论行为等方式，形成控制环境群体性事件的“制度化”和“法制化”支撑。在环境群体性事件的后控中，应充分发挥“正范立行”的核心作用，避免环境群体性事件向暴力事件的演变，使对其控制尽可能地具有“可预期性”和“可调节性”。[③] 有学者认为，在对环境群体性事件根源分析与发展趋势研判的基础上，强调各主体协商参与环境群体性事件的预防治理，可以构建“政府+公众+第三方组织”的协商沟通平台，推动政府单向度环境整治转向“多元主体协商治理”，力求促成多元主体合作共治环境的良好局面。[④] 秦书生、鞠传国认为，政府部门要从维护人民群众利益的角度出发，努力从源头上消除环境污染与生态破坏；要加强教育宣传，提高社会公众的科学素

---

① 吴思珺：《论环境群体性事件的特点》，载《武汉交通职业技术学院学报》，2012年第2期。

② 李修棋：《为权利而斗争：环境群体性事件的多视角解读》，载《江西社会科学》2013年第11期。

③ 程启军：《环境群体性事件的后控：发挥“正范立行”的核心作用》，载《理论导刊》2017年第8期。

④ 卢春天、齐晓亮：《公众参与视域下的环境群体性事件治理机制研究》，载《理论探讨》2017年第5期。

养和政治素养；要建立健全环境信息公开制度、公众参与环境问题的民主决策制度和环境监管制度，充分听取社会公众的生态利益诉求；要建立健全环境群体性事件的应急决策与处理机制以及善后处理机制。① 任峰等认为，邻避型环境群体性事件的成因，即三方利益相关者在环境风险认知上的冲突、公民环境权遭受侵犯以及政府治理中的合法性危机，决定了相应的治理路径：通过塑造新型合作的风险沟通关系，形成对环境风险的一致认识；设置形式多样的公众参与机制，保障公民环境权利免遭侵害；建构新型社会治理模式。② 面对邻避群体性事件的挑战，在以政府为主体、多元利益主体共同配合的基础上，社会精英理性的利益表达和政策参与、相关企业切实履行环境保护的社会责任、地方政府完善的环境决策协商机制及政府回应方式、大众传媒对社会舆论的合理引导，构成了“利益共赢”路径下邻避群体性事件的解决之道。③

（四）关于环境治理现代化中的公众参与

党的十八大以来，党和政府高度重视环境治理现代化，研究环境治理现代化中公众参与的成果逐渐增多，研究领域涵盖理论渊源、参与渠道、参与必要性、区域公众参与问题、参与中存在的问题、提升参与效度的对策等方面。

1. 关于环境治理现代化中公众参与理论渊源和政策依据的研究

习近平总书记指出，要善于把党的领导和我国社会主义制度优越性转

---

① 秦书生、鞠传国：《环境群体性事件的发生机理、影响机制与防治措施——基于复杂性视角的分析》，载《系统科学研究》2018 年第 2 期。

② 任峰、张婧飞：《邻避型环境群体性事件的成因及其治理》，载《河北法学》2017 年第 8 期。

③ 马胜强、关海庭：《社会转型期我国邻避群体性事件的形成逻辑及治理路径》，载《天津行政学院学报》2018 年第 2 期。

化为社会治理效能，完善党委领导、政府负责、社会协同、公众参与、法制保障的社会治理体制，打造共建共治共享的社会治理格局。要贯彻好党的群众路线，坚持社会治理为了人民，善于把党的优良传统和新技术手段结合起来，创新组织群众、发动群众的机制，创新为民谋利、为民办事、为民解忧的机制，让群众的聪明才智成为社会治理创新的不竭源泉。让天更蓝、水更清、空气更清新、社会更加和谐有序。①

有学者从马克思主义群众观的视角进行了研究。张保伟认为，公众环境参与作为党的群众路线在环境领域的逻辑延伸和具体反映，一直以来都受到政府的高度重视。早在 1972 年，我国政府提出环境政策的 28 字方针中，就明确了公众参与的重要性。之后在《国务院关于环境保护若干问题的决定》《环境保护行政许可证暂行办法》《环境影响评价公众参与暂行办法》《关于推进环境保护公众参与的指导意见》，尤其是 2015 年 1 月开始实施的新《环境保护法》以法律的形式赋予公民获取环境信息、参与和监督环境保护的权利，充分展现出政府对公众参与环境保护的高度认识和务实姿态。② 王芳等认为，公众参与生态治理是马克思主义群众观的内在要求，马克思主义群众观所蕴含的实践主体观、认识主体观与价值主体观方面与生态治理内在价值高度契合。马克思主义群众观强调人民群众是生态财富与生态精神财富的创造者，是生态变革的决定性力量，充分彰显出公众参与生态治理的重要性。“一切为了群众、一切依靠群众”为生态治理确立了价值目标，提供了动力源泉。③

也有学者从民主政治理论视角进行了探讨。郇庆治认为，由于人民主

---

① 《习近平在中央政法会议上的讲话》，载《新华每日电讯》2019 年 1 月 17 日。

② 张保伟:《公众环境参与的结构性困境及化解路径——基于协商民主的视角》，载《中国特色社会主义研究》2016 年第 4 期。

③ 王芳、李宁:《基于马克思主义群众观的生态治理公众参与研究》，载《生态经济》2018 年第 7 期。

权是现代国家和政治的基石，民主参与和监督政府及其管治也就是天经地义的事情。换句话说，环境保护公众参与是人民主权及其不断扩大的民主政治权利的内在组成部分。环境公民（权）理论对于环境保护公众参与的基本阐释是，一方面，由公民法律身份和资格延伸而来的是公民所拥有的各种形式的民事、政治、经济社会与文化权利，当然也包括各种环境权益；另一方面，就像公民权利从来不是一种单向度的规定性一样，环境公民权利也包含着明确的义务与责任维度。① 作为一种以民主为资源的治理形式，协商民主提供了一种有序的公民政治参与模式，它所提供的解释资源与程序设计，修正了环境公众参与制度的价值预设，更新了环境公众参与制度。②

2. 关于环境治理现代化中公众参与的渠道

林震认为，合法的或体制内的途径至少有以下十种：政治投票和选举，通过各级人大、政协参政议政，信访制度，基层群众自治，行政复议和行政诉讼，社会协商对话制度，通过大众传媒参与政治，通过社会团体参与政治，通过专家学者参与决策咨询以及公民旁听和听证制度。③ 邓翠华认为，将公众参与纳入制度化轨道，以解决公众参与愿望增强与制度提供空间较小的矛盾。因此，必须为公众参与提供制度化的足够空间，使公众参与在制度的框架内有步骤、有秩序地逐步推进。从保障公众的环境权、建立健全公众参与机制，加强非政府社会组织建设等方面，为公众参与环境治理现代化提供制度保障。④ 王芳认为，“从群众中来，

① 郇庆治：《推进环境保护公众参与深化生态文明体制改革》，载《环境保护》2013 年第 3 期。

② 刘超：《协商民主视域下我国环境公众参与制度的疏失与更新》，载《武汉理工大学学报》2014 年第 1 期。

③ 林震：《生态文明建设中的公众参与》，载《南京林业大学学报》（人文社会科学版）2008 年第 2 期。

④ 邓翠华：《关于生态文明公众参与制度的思考》，载《毛泽东邓小平理论研究》2013 年第 10 期。

到群众中去”是生态治理体系植根于人民、发展于人民的方法论保障。“从群众中来”就是要借助利益表达机制动员人民群众充分表达自身生态利益诉求，征询群众生态治理意见或建议，再经过生态利益综合机制汇总整合做出决策，并将内部决策信息不断反馈、修复和改进。“到群众中去”就是要将人民群众视为检验评价生态治理决策与治理成效的最高裁判者，构建生态价值评价机制，以人民群众的利益需求满足程度与真实感受作为衡量尺度评价评判其生态治理成效，最终通过生态绿色共享机制实现生态治理人人参与，生态利益人人享有。① 有学者从经济、政治、文化等层面探讨公民参与生态文明建设的渠道。他们认为，公众从经济层面参与生态文明建设是指公众要秉持生态文明理念参与社会经济活动。它要求人们在从事经济活动时要考虑和计算生态环境成本，遵守生态经济规律，努力实现经济效益、生态效益和社会效益的统一。公众从政治层面参与环境治理现代化是指公众在参与政治活动时要坚持以生态文明作为内在指导原则，通过政府部门与公众之间的双向交流，以直接或间接的方式影响政府的决策和管理。公众从文化层面参与环境治理现代化是指公众在参与文化活动时要以“生态”作为自己的内在指导原则，积极参与生态文化建设。公众从社会层面参与环境治理现代化是指公众的社会生活行为要遵循生态规律，积极参与到资源节约型、环境友好型社会建设，实现人与自然和谐发展，相互促进，互利共生，使人获得生态幸福，实现人的全面发展。②

3. 关于公众参与环境治理现代化的必要性

郇庆治认为，我国生态文明体制改革与制度建设的重点，将集中在生

---

① 王芳、李宁：《基于马克思主义群众观的生态治理公众参与研究》，载《生态经济》2018 年第 7 期。

② 秦书生、张泓：《公众参与生态文明建设探析》，载《中州学刊》2014 年第 4 期。

态环境管治或监管体制和环境经济政策体系及其运用。生态文明及其建设的政治与政策落实需要一个综合性的体制，其中包括不同形式的基本制度和各种形式的具体制度，以及将这些制度与整个制度衔接起来的各种更具体的、技术的机制。深化生态文明体制改革，需要抓住环境保护公众参与的症结并极力推进。[①] 陈文斌、王晶从多元环境治理体系中政府与公众的有效互动视角，认为环境治理领域是社会主义民主政治充分延展的新向度，是满足公众在政治参与和环境治理参与双方面的权利诉求的需要；环境治理效率应积极灵敏地反映政府环境整治力度，需要不断重视和加强财政、人力资源等方面的投入，必须全方位鼓励公众的参与和监督。[②] 有学者从制度建设的角度论述了公众参与环境治理现代化的必要性。蔡定剑认为，只有使公众参与成为制度，才会形成倒逼政府使公众参与从虚假走向真实，从形式返归实质的态势。[③] 邓翠华认为，公众参与环境治理现代化的必要性体现在三个方面：调动公众参与的积极性，改变政府唱独角戏的状况；发挥公众的监督作用，矫正某些地方政府失灵和市场失灵的问题；将公众参与纳入制度化轨道，解决公众参与愿望增强与制度提供空间较小的矛盾。[④] 秦书生等认为，公众参与环境治理现代化的必要性体现在：其一，公众参与环境治理现代化能够发挥出公众的社会合力作用和整体功能。环境治理现代化的推动和发展，需要重视和发挥每个公民个体意志的“总合力”作用，产生环境治理现代化合力的整体功能和效果。其二，公

---

① 郇庆治：《推进环境保护公众参与深化生态文明体制改革》，载《环境保护》2013 年第 3 期。

② 陈文斌、王晶：《多元环境治理体系中政府与公众有效互动研究》，载《理论探讨》2018 年第 5 期。

③ 蔡定剑：《公众参与：风险社会的制度建设》，法律出版社 2009 年版。

④ 邓翠华：《关于生态文明公众参与制度的思考》，载《毛泽东邓小平理论研究》2013 年第 10 期。

众参与环境治理现代化是“美丽中国”建设的必然要求。公众参与环境治理现代化能够充分发挥人民群众历史创造者的作用，投身到美丽中国的建设中，把我们生活的环境建设成一个天蓝、地绿、水净的美好家园，实现人与自然的协调、可持续发展。①

4. 关于公众参与环境治理现代化存在的问题

有学者从制度建设的层面进行研究。蒙发俊、徐璐认为，公众参与的配套政策法规不健全、生态环境教育与国民教育体系融合度不高、公众参与的协商机制不完善以及公众参与评价体系尚未建立等，构成了制约公众参与生态文明建设的主要障碍。②沈佳文认为，地方政府治理与环保公众参与的体制博弈之间存在制度离合，即：政府职能转变不到位，过度或不合理干预市场资源配置，扭曲各类自然资源和能源价格；相关部门的设置横向职能交叉重叠，权限划分不清；中央与地方、上级与下级权责不对称，基层社会的环境保护与生态治理能力薄弱；社会生态自治组织和自治体系发育缓慢。③王越、费艳颖认为，公众参与缺乏完善的法律制度保障、公众参与环境治理现代化程度低、公益诉讼缺位、环境治理现代化中非政府组织影响和作用亟待加强、环境治理信息公开制度不健全等，构成了公众参与环境治理现代化的主要瓶颈。④也有学者从更为广泛的领域进行了研究。陈润羊等认为，虽然初步形成公众参与的基本制度框架，但是各个领域发展不平衡、公众参与有待程序化和具体化；现实中公众参与

---

① 秦书生、张泓：《公众参与生态文明建设探析》，载《中州学刊》2014 年第 4 期。

② 蒙发俊、徐璐：《新时代背景下提高生态环境公众参与度的思考》，载《环境保护》2019 年第 5 期。

③ 沈佳文：《公共参与视角下的生态治理现代化转型》，载《宁夏社会科学》2015 年第 3 期。

④ 王越、费艳颖：《生态文明建设公众参与机制研究》，载《新疆社会科学》2013 年第 5 期。

的对象更多针对项目和选址等具体议题，但很少涉及更根本性的规划、政策层面，公众参与的层次和水平有待提高；公众参与的领域、方式、途径等尚未形成有效机制；公众的生态环境质量获得感不高，不科学、不理性的公众参与行为和现象时有发生；公众参与行动具有线上线下相结合的特征，但是政府对出现的新挑战应对乏力。① 张保伟探讨了公众环境参与的结构性困境：其一，知识结构困境。在现实的环境治理工作中，公众由于相关专业知识的缺乏而被排斥在外，他们关心的众多利益问题未能纳入政府议程，其意愿和诉求均得不到必要的回应，也就无法参与到环境治理的各项活动之中。其二，利益结构困境。很多公众只强调自身的权利和要求，却忽视了自身应负的责任和义务，这种以个体利益为根据的环境参与，缺乏对环境治理的共同利益的理性妥协，因而难以达到应有的效果。其三，交往结构困境。环境参与以准确又有效的环境信息为基础，但在企业、政府和公众的交往结构中，公众环境信息的获取面临一系列的限制和障碍。这种交往结构的障碍和断裂，使得公众以各种制度外形式进行抗议成为公众环境诉求的现实性表达，最终导致政府、企业和社会三方的对立、冲突和共输。② 有学者探讨了新技术应用对公众环境参与的影响。尹红等认为，国外环境保护实践表明，数字环保技术平台的发展对于环境保护公众参与的具有全面而深远的影响。另一方面，环境保护公众参与制度，也对数字环保技术的发展提出了更高要求。数字环保技术与环境公众参与制度的良性互动，势必改变既有的环境保护手段，并衍生出更为先进的环境保护与治理路径。数字环保为我国环境公众参与制度提供了必要的技术保障，同时仍然有部分问题有待解决。这些问题

① 陈润羊、花明、张贵祥：《我国生态文明建设中的公众参与》，载《江西社会科学》2017 年第 3 期。

② 张保伟：《公众环境参与的结构性困境及化解路径——基于协商民主的视角》，载《中国特色社会主义研究》2016 年第 4 期。

主要体现为：环境信息公开任务的艰巨性、环境数据格式异构性以及公众对于数字环保的难以参与性。这些问题分别指向了环境保护管理层面、技术层面和操作层面的现实难题[①]。

5. 关于公众参与环境治理现代的路径

有学者从制度建设的角度进行了探讨。蒙发俊等认为，建立健全公众生态环境参与的政策法规体系、在全社会培育生态文明理念、坚持群众路线营造生态共享共治的格局、建立行之有效的生态环境公众参与评价体系等，是提高公众生态环境参与的重要路径。[②] 陈润羊等提出的建议为：健全生态治理体系，科学认识公众参与价值；完善评价考核体系，正确界定公众参与主体；建立法治保障体系，不断完善公众参与制度；搭建联结沟通平台，努力建构公众参与机制；顺应现代媒体趋势，研究把握公众参与规律[③]。郇庆治认为，一方面，我们要在"法治中国"、社会治理体制创新和加快生态文明制度建设的总体布局下，建设一个强权而负责的"环境国家"——在更加有效地承担起保持、保护与谨慎开发自然资源与生态环境监管职责的同时，更加明确地确认、尊重与维护公民个体和集体的各种环境权益与权利；另一方面，针对我国的客观实际，作为环境监管职责主要部门的各级政府理应采取更多切实措施认可、支持和引导公民的合法性、集体性环保参与，尤其是环境非政府组织的健康有序发展。[④] 邓翠华认为，建立健全环境治理公众参与制度的保障要从三个方面入手：其一，确立公

① 尹红、林燕梅：《数字环保维度的我国环境保护公众参与制度建构》，载《东南学术》2016 年第 4 期。

② 蒙发俊、徐璐：《新时代背景下提高生态环境公众参与度的思考》，载《环境保护》2019 年第 5 期。

③ 陈润羊、花明、张贵祥：《我国生态文明建设中的公众参与》，载《江西社会科学》2017 年第 3 期。

④ 郇庆治：《推进环境保护公众参与深化生态文明体制改革》，载《环境保护》2013 年第 3 期。

众的环境权，为公众参与权实现提供法律依据和制度保障。确立环境权的目的是保护生态环境，使人们拥有享受良好环境的权利。但这一实体性的权利往往要通过程序性的权利得以体现。公众往往通过知情权、参与权、救济权等程序性权利达到逐步实现享有良好环境权的目的。同时，环境权的确立尤其是入宪，可以为公众参与权的实现提供重要的法律依据和制度保障。其二，建立公众参与机制，为公众参与提供制度平台。这些机制包括：信息公开机制、公众参与的反馈机制、公众参与的责任追究机制、环境公益诉讼机制。其三，建立和健全非政府组织，为公众参与提供组织保障。[①] 有学者多元共治的视角进行了研究。陈文斌等认为，多元环境治理治理体系中政府与公众有效互动的路径有三个：政府环境制度公平正义与公众生态美德的互动生成、政府科学环境立法与公众环境权益的互动生成、政府自愿性政策工具选择与公众参与环境治理意愿的互动生成。[②] 乔永平认为，环境治理现代化多元主体协同推进的路径包括：构建适应生态文明建设需要的政府行政管理体制和组织；完善目标责任制和考核制度；充分利用经济手段，完善相关的经济政策和制度，发挥市场在资源配置中的决定性作用；加强社会组织建设；实现社会公众共同参与。[③] 有学者从协商民主的角度进行了探索：构建广泛、多层的环境协商平台，为公众环境参与提供便捷的渠道；建立健全环境信息公开机制，为公众环境参与提供理性基础；提升政府与社会进行协商的主动性，为公众环境参与提供政治基础；加强环境社会组织的引导和培育，促进公众环境参与的组织化、

---

① 邓翠华：《关于生态文明公众参与制度的思考》，载《毛泽东邓小平理论研究》2013 年第 10 期。

② 陈文斌、王晶：《多元环境治理体系中政府与公众有效互动研究》，载《理论探讨》2018 年第 5 期。

③ 乔永平：《生态文明建设的多元主体及其协同推进》，载《广西社会科学》2014 年第 1 期。

集成化；建立协商结果的反馈机制。[①] 也有学者建议借鉴国外公众环境参与的一些好的做法。曹小胜认为，新西兰公众参与环境治理，政府与公众的积极互动起到了很好的推动作用：基于信任与合作，政府为公众参与创造良好的条件和渠道；政府与社区合作实施项目；政府管理“有所为、有所不为”，为公众参与环境治理大量“留白”，包括管理层极少、管得少、管得精准和预先管理等。为此，他建议从以下四个方面强化公众环境参与：其一，大力实施环境教育和生态文化培育四大行动：把生态文明教育纳入国民教育体系的“教育行动”、把生态文明教育纳入党政干部培训体系的“基地行动”、以生态文化、环境教育示范为核心的“基地行动”、以“绿色社区”“绿色家庭”为载体的“细胞行动”。其二，大力扶持非政府组织、环保志愿者“第三方力量”。做大生态环保“统一战线”和“朋友圈”。包括：培育以大学生为主体的“青年环保志愿队伍”、培养以科研人员为主体的“科技环保志愿队伍”、扶持培育环保 NGO 等“非政府组织队伍”。其三，系统搭建公众环境参与“四大平台”，拓宽公众参与渠道，包括“官民沟通”交流平台、有奖投诉举报平台、环保设施公众开放平台、协管平台。其四，综合实施环境信息公开“三大举措”，保障公众知情权、参与权、监督权。包括强化信息公开制度建设、强化环境信息公开载体建设、强化环境信息公开媒体监督。[②]

（五）简要的评论

通过对生态文明治理能力现代化、环境治理现代化以及公众参与等问题的文献梳理，笔者发现，学术界对于新时代环境治理现代化以及公众参

---

① 张保伟：《公众环境参与的结构性困境及化解路径——基于协商民主的视角》，载《中国特色社会主义研究》2016 年第 4 期。

② 曹小佳：《新西兰公众环保参与的感悟与启示》，载《环境保护》2019 年第 47 期。

与环境治理的研究已经取得了许多重要成果，这对于构建和完善新时代环境治理体系、推进环境治理现代化具有主要的意义。

但是，综合来看，目前学术界在关于新时代环境治理现代化进程中如何清晰界定公众参与的阶段划分、如何认识环境治理现代化进程中“政府—公众”博弈的内容和表现等还需要进一步细化；无序公众参与对环境治理现代化的负面影响是巨大的，如何认识新时代环境治理现代化中出现的各种形式的无序公众参与，需要进一步系统研究；如何深化和系统化对新时代环境治理现代化中有序公众参与及其问题和治理路径的研究，也是需要高度关注的问题。

鉴于此，本书试图通过对新时代环境治理现代化进程中公众参与的阶段进行科学划分，深入探讨“政府—公众”博弈的现实表现，对有序公众参与中存在的问题及其解决思路和路径进行了较为深入、系统的分析。凡此努力，希望能为推动新时代环境治理现代化的理论创新和实践发展提供绵薄之力。

三、研究方法

在政治学研究中，存在着多种不同的研究方法，“根据不同的划分标准，可以对各种具体研究方法进行不同的分类。依据‘事实、价值’区分这一标准，可以分为规范研究方法与经验（实证）研究方法这两种最基本的政治学研究方法；依据政治学方法论在历史上发展的阶段性标准，又可分为传统研究方法、经验（实证）研究方法和当代研究方法这几种。”本课题根据研究的需要，主要运用规范研究和实证研究相结合的方法、系统研究的方法、比较分析方法。

（一）规范研究和实证研究相结合的方法

规范的研究方法是侧重于抽象理论的逻辑推理和价值判断的方法，在政治学的研究中具有重要的地位。规范研究方法着重的是“应该是什么”（what should be）的价值问题，注重对政治现象、政治活动、政治关系等进行价值判断，主要运用定性分析的手段。而实证的研究方法侧重于对经验世界的客观现象作出事实描述，关注的是“事实是什么”（what is ）的问题，主张价值中立。它通过实证的数据以获得可以检验的真理性知识，主要运用定量分析的方法。本课题采用规范研究和实证研究相结合的方法。比如，本课题通过对天津爆炸案中公民环境参与的独立调查，梳理大量调查资料并运用合理的分析方法进行研究，发现问题的症结所在，从而提出合理化建议。

（二）系统研究方法

系统研究方法是当代生态政治学的哲学认识论基础。系统思维要求我们不仅要处理好要素与系统之间的关系，也要处理好要素与要素以及系统与系统之间的关系。生态思维本身就是一种系统思维，它指出了人与自然以及人类社会的经济、政治和文化与自然之间的相互影响、相互联系。本课题运用系统研究的方法，对公众参与环境治理现代化从政治学、社会学和法学相结合的视角作出分析并提出解决办法。

（三）比较分析法

比较分析方法是自然科学、社会以及日常生活中常用的分析方法之一。比较分析试图通过事物异同点的比较，区别事物，达到对各个事物深入了解认识，从而把握各个事物。在调查资料的理论分析中，当需要通过比较两个或者两个以上事物或者对象的异同来达到某个事物的认识时，一般采用比较分析方法。本课题在研究新时代环境治理现代化对公众参与的新要求等方面，都运用了比较分析的方法。

四、研究方案：内容安排与创新之处

（一）内容安排

导论分析和界定了环境治理能力现代化和公众参与的基本含义，梳理了国内外学术界对生态文明建设、环境治理现代化以及公众参与的研究状况，分析了研究将公众参与和环境治理能力现代化进行结合研究的理论意义和现实价值，并且对整体框架结构进行了安排，同时阐述试图做出的理论创新与实践探索。

第一章研究了公众参与新时代环境治理现代化的必要性。新时代的环境治理现代化，需要更为广泛和深入的公众参与，这既是马克思主义群众观在新时代的体现，也是新时代环境治理现代化的生动写照。促进环境民主在新时代的发展和创新、推动生态文明建设又好又快发展、提供社会主义政治体制改革的有效场域，这是新时代环境治理现代化中公众参与的主要功能所在。从更为宏大的全面深化改革的层面来看，对公众参与环境治理现代化进程的深入系统研究，可以为我国的政治体制改革提供有效场域，在这个具有试点性质的场域中，公众参与为我国的政治体制改革选取了一个可行的切入点。这种改革试验是在环境治理现代化的“小视域”、做我国政治体制改革的“大文章”；这个公众政治参与的“小改革”，在相当程度上决定了我国社会主义改革的“大方向”。可以说，这种改革的试验风险较小，而成功概率较大。在这个过程中所积累的经验教训，对于国家治理体系的构建和国家治理现代化的实现都会有一定的启发和借鉴意义。

第二章研究了我国环境治理现代化进程中公众参与的阶段划分与博弈

模式。公众参与环境治理现代化的过程，具有明显的阶段性。在环境治理现代化的实践中，每一个完整的公众参与过程，即“政府—公众”之间围绕具体环境议题或者环境利益所展开的博弈过程，都可以分为公共事件、参与决策、决策落实三个具体阶段。从公众参与的主体来看，其基本角色是政府和公众，“政府—公众”博弈则构成了公众参与的主要内容。除了普通公民之外，公众力量还包括 NGO、媒体等也对政府发生重要影响，直接或间接地参与到“政府—公众”的博弈之中，构成了“政府—公众”博弈模式。认定公共议题的性质、设定公共议题的规则达成共识、执行公共决策、对公共决策的反馈与调整等，则构成了“政府—公众”博弈模式的主要环节。

第三章研究了我国环境治理现代化进程中的有序公众参与问题。鼓励公众通过制度化的途径进行有序公众参与，是推进我国环境治理现代化顺利发展的题中应有之义。从现阶段来看，公众有序参与环境治理现代化的主要途径是有序参与环境立法、环境决策和环境执法，实现其环境权利。环境立法中的有序公众参与，有利于在立法时及早发现并解决问题、更好回应公众需求，提高立法质量，它包括环境立法规划阶段、环境立法草案制定阶段、环境立法草案审查阶段、环境法律规范实施阶段的公众有序参与。环境决策中的有序公众参与，强调公众帮助或督促政府部门在作出具体决策和制订计划、政策等宏观战略的过程中，充分认识和考虑到公共环境利益，公众参与环境决策的制度渠道主要有三种：参与环境影响评价、参与环境规划、参与环境行政许可。环境执法中的有序公众参与，要求政府部门通过各种形式吸收公众参与，包括鼓励和引导公众举报环境污染行为，监督环境执法过程，提出环境保护建议和意见等。我国环境执法公众参与的途径主要有环境信访、听证、座谈会、论证会等形式。近年来，市民检查团、公众陪审团等环境执法公众参与形式，也取得了良好效果。

第四章研究了我国环境治理现代化中有序公众参与的主要问题及其有

效治理。现阶段，公众有序参与环境治理现代化还面临着诸多问题，比如：缺少制度基础、少有法律保障，是环境治理中有序公众参与面临的两个困境；公众参与的领域、方式、途径等方面，目前我国还没有形成公众有序参与环境治理的整体性机制；公众对环境治理中的新技术运用适应性不足，地方政府和公众都需要尽快适应，新技术尤其是数字环保技术运用，致使公众参与难度在逐渐加大；政府与公众的互信与互动有待提升，“政府失灵”现象依然在一定程度上存在，公众环境参与的深度、广度、效度有时会打折扣，公众参与的获得感幸福感还有待提升等。因此，推动环境治理现代化进程中的公众有序参与，需要政府积极主动地进行公众参与的制度建设，赋予公众环境立法“参与权”，为公众参与权的实现提供法律依据和制度保障，实现政府科学环境立法与公众环境权益的互动生成，坚持群众路线营造共商共建共享的环境治理体系；强化环境执法过程中的公众参与，通过完善环境信息公开机制为公众环境参与提供理性基础、通过提升政府环境执法过程中与公众互动主动性为公众环境参与提供政治基础、通过进一步创新公众参与形式拓宽公众参与的范围和渠道等，不断增强公众环境参与的获得感幸福感；通过多学科整合视角下“数字环保”技术平台建设、运用新技术优势完善公众环境参与的司法救济机制等路径，实现环境治理新技术运用与公众参与相互促进、相得益彰；政府要直面公众参与不断增强的趋势，认真考虑公众多样化的环境利益诉求，积极回应公众发出的声音，鼓励、引导、规范公众有序参与环境治理进程，实现环境治理现代化中政府与公众的共同成长。

（二）创新之处

本书试图从以下两个方面有所创新：

1. 研究方法的创新。目前国内环境治理体系和治理能力现代化的诸多研究中，经济学、社会学、管理学等学科的研究运用实证研究已比较普遍，研究方法也较为多样化，结果比较客观，科学性较强。相比之下，政治学学科对环境治理现代化的相关研究多为规范性的定性研究。为此，笔者在进行大量调研的基础上，借鉴了经济学、管理学的一些定量研究方法充实到本课题研究中。比如，在研究环境治理现代化进程中政府与公众博弈时，对研究团队的第一手调研资料进行了系统化的整理和分析，并运用经济学研究中非常成熟的 SPSS 方法进行了数据处理，提高了定量分析的科学性和结论的客观性。从研究结果来看，增强了研究结论的说服力和科学性，可以说在研究方法上进行了一定程度的创新。

2. 研究内容的创新。综合来看，目前学术界在关于新时代环境治理现代化进程中如何清晰界定公众参与的阶段划分、如何认识环境治理现代化进程中“政府—公众”博弈的内容和表现、如何认识新时代环境治理现代化中出现的各种形式的无序公众参与、如何认识新时代环境治理现代化中有序公众参与及其问题和治理路径等方面的研究还相对薄弱。鉴于此，本书试图通过对新时代环境治理现代化进程中公众参与的阶段进行科学划分，深入探讨“政府—公众”博弈的现实表现，系统梳理各式各样的无序公众参与，并对有序公众参与中存在的问题及其解决思路和路径进行了较为深入、系统的分析。凡此努力，希望能为推动新时代环境治理现代化的理论创新和实践发展提供绵薄之力。

第一章
新时代环境治理现代化进程中公众参与的必要性

党的十九大报告指出，中国特色社会主义进入新时代，我国社会主要矛盾已经转化为人民日益增长的美好生活需要和不平衡不充分的发展之间的矛盾。党的二十大报告进一步指出，过去十余年来，我们“紧紧围绕这个社会主要矛盾推进各项工作，不断丰富和发展人类文明新形态”。人民美好生活需要日益广泛，不仅对物质文化生活提出了更高要求，而且在民主、法治、公平、正义、安全、环境等方面的要求日益增长。在多层次的美好生活需要中，人们对美好环境的要求日益迫切。从一般的社会发展规律来看，人们在解决了基本的物质文化需要之后，会更加关心生活环境和自然生态环境的质量。从历史上来看，我国政府一直高度重视环境保护问题。进入新时代以来，习近平总书记强调“以人民为中心”，强调绿色发展，高度关切人民群众需求，大力推进生态文明建设，以满足广大人民群众日益增长的对于美好生活环境和自然生态环境的迫切需要。天蓝、地绿、水清的美好生活环境，人与自然和谐共生的美好愿景，不仅是人们美好生活的重要组成部分，也是环境治理现代化的目标所在。

一、新时代对环境治理现代化的新要求

（一）中国特色社会主义进入新时代

党的十八大以来，以习近平同志为核心的党中央以巨大的政治勇气和

强烈的责任担当，提出一系列新理念新思想新战略，出台一系列重大方针政策，推出一系列重大举措，推进一系列重大工作，解决了许多长期想解决而没有解决的难题，办成了许多过去想办而没有办成的大事，推动党和国家事业取得了全方位的、开创性的历史性成就，发生了深层次的、根本性的历史性变革。党的十九大报告指出："经过长期努力，中国特色社会主义进入了新时代，这是我国发展新的历史方位。"党的二十大报告指出："从现在起，中国共产党的中心任务就是团结带领全国各族人民全面建成社会主义现代化强国，实现第二个百年奋斗目标，以中国式现代化全面推进中华民族伟大复兴。"

（二）新时代对环境治理现代化的新要求

党和政府一直以来都高度重视生态文明建设。尤其是党的十八大以来，更是将生态文明建设纳入"五位一体"的中国特色社会主义总布局，要求将生态文明建设融入经济、政治、文化、社会建设之中。同时，对生态文明建设提出了总的要求和部署。党的十八大报告指出："加快建立生态文明制度，健全国土空间开发、资源节约、生态环境保护的体制机制，推动形成人与自然和谐发展现代化建设新格局。""建设生态文明，是关系人民福祉、关乎民族未来的长远大计。面对资源约束趋紧、环境污染严重、生态系统退化的严峻形势，必须树立尊重自然、顺应自然、保护自然的生态文明理念，把生态文明建设放在突出地位，融入经济建设、政治建设、文化建设、社会建设各方面和全过程，努力建设美丽中国，实现中华民族永续发展。"党的十九大报告进一步指出："坚持人与自然和谐共生。建设生态文明是中华民族永续发展的千年大计。必须树立和践行绿水青山就是金山银山的理念，坚持节约资源和保护环境的基本国策，像对待生命一样对待生态环境，统筹山水林田湖草系统治理，实行最严格的生态环境保护制度，形成绿色发展方式和生活方式，坚定走生产发展、生活富裕、生态良好的文明发展道路，建设美丽中国，为人民创造良好生产生活环境，为全球生态安全作出贡献。”党的二十大报告指出：“要推进美丽中国建设，坚持山水林田湖草沙一体化保护和系统治理，统筹产业结构调整、污染治理、生态保护、应对气候变化，协同推进降碳、减污、扩绿、增长，推进生态优先、节约集约、绿色低碳发展”。在中国特色社会主义的新时代，党和政府对环境治理现代化提出了新的、更高的要求。

1. 新时代要完成的历史使命内在地包含着对环境治理现代化的更高要求

党的二十大报告指出，“从现在起，中国共产党的中心任务就是团结带领全国各族人民全面建成社会主义现代化强国、实现第二个百年奋斗目标，以中国式现代化全面推进中华民族伟大复兴”。这一中心任务也为接下来的环境治理现代化指明了方向。

（1）中国式现代化对环境治理现代化提出了更高要求。党的二十大报告指出，“中国式现代化是人与自然和谐共生的现代化”，“促进人与自然和谐共生”是中国式现代化的本质要求之一。为了促进人与自然的和谐共生，要“坚持可持续发展，坚持节约优先、保护优先、自然恢复为主的方针，像保护眼睛一样保护自然和生态环境，坚定不移走生产发展、生活富裕、生态良好的文明发展道路”，从而“实现中华民族永续发展”。

（2）全面建成社会主义现代化强国、实现第二个百年奋斗目标也对环境治理现代化提出了更高的目标要求。党的二十大报告提出：“全面建成社会主义现代化强国，总的战略安排是分两步走：从二〇二〇年到二〇三五年基本实现社会主义现代化；从二〇三五年到本世纪中叶把我国建成富强民主文明和谐美丽的社会主义现代化强国”。其中，到 2035 年我国发展的总体目标中，对环境治理现代化的目标要求是：“广泛形成绿色生产生活方式，碳排放达峰后稳中有降，生态环境根本好转，美丽中国目标基本实现”。这一总体目标的实现“必须牢固树立和践行绿水青山就是金山银山的理念，站在人与自然和谐共生的高度谋划发展”，加快发展方式绿色转型，深入推进环境污染防治，提升生态系统多样性、稳定性、持续性，积极稳妥推进碳达峰碳中和。

2. 从社会主要矛盾转化层面看，新时代的环境治理现代化是人民日益增长的美好生活需要的重要组成部分

中国特色社会主义进入新时代，我国社会主要矛盾已经转化为人民日益增长的美好生活需要和不平衡不充分的发展之间的矛盾。人民美好生活需要日益广泛，不仅对物质文化生活提出了更高要求，而且在民主、法治、公平、正义、安全、环境等方面的要求日益增长。我国社会主要矛盾的变化是关系全局的历史性变化，对党和国家工作提出了许多新要求，要着力解决好发展不平衡不充分问题，大力提升发展质量和效益，更好满足人民在经济、政治、文化、社会、生态等方面日益增长的需要，更好推动人的全面发展、社会全面进步。

长期以来，受制于生产力发展不够充分等影响，我国的主要矛盾体现为人民日益增长的物质文化需要同相对落后的生产力之间的矛盾。从供给侧来看，生产力相对落后，物质产品和文化产品的供给不足，难以满足需求侧的要求，从而造成了这一主要矛盾长期得不到根本解决。近年来，随着我国国力的逐步增强，生产力实现了跨越式的发展，尤其是进入新时代以来，我国已经稳居世界第二大经济体，物质财富生产的能力得到了迅猛的提高。目前，我国已经是世界第一大工业国，多种主要农业产品的产量稳居世界第一位，同时，我国还是世界第一大贸易国，尤其是货物贸易优势明显。从整个社会层面来看，工农业产品的供给出现了相对过剩的局面，与此同时，伴随着广大人民群众物质生活的不断改善，整个社会的需求结构发生了重大变化，物质文化需求已经不能满足人民对美好生活的向往。在这种情况下，我国的主要矛盾随之发生变化，日益多样化、立体型的需求对发展的平衡性、可持续性提出了更高

的要求。

在多层次的美好生活需要中，人们对美好环境的要求日益迫切。从一般的社会发展规律来看，人们在解决了基本的物质文化需要之后，会更加关心生活环境和自然生态环境的质量。从历史上来看，我国政府一直高度重视环境保护问题。从 1972 年第一次世界环境大会开始，我国的环境保护工作就日益得到党和国家重视。尤其是党的十八大以来，生态文明建设成为中国特色社会主义建设“五位一体”总体布局的重要组成部分，并且要有机融入其他四个方面建设之中。然而，由于种种原因，我国的环境保护、生态文明建设的历史欠账较多，长期高速经济增长造成了严峻的生态环境压力。随着经济社会发展和人民生活水平不断提高，人民群众对环境问题更加关注，生态环境在群众生活幸福指数中的地位日益凸显。而我国发展过程中积累了一些生态环境问题，有些已经影响到群众健康。进入新时代以来，习近平总书记强调“以人民为中心”，强调绿色发展，高度关切人民群众需求，大力推进生态文明建设，以期满足广大人民群众日益增长的对于美好生活环境和自然生态环境的迫切需要。天蓝、地绿、水清的美好生活环境，人与自然和谐共生的美好愿景，不仅是人们美好生活的重要组成部分，也是环境治理现代化的目标所在。努力实现这一宏伟目标，不仅是解决我国社会主要矛盾的要求，更是实现中华民族伟大复兴，将中国特色社会主义推进到更高发展阶段的必然要求。

3. 从对人与自然和谐共生的规律层面来看，环境治理现代化走进了新时代

习近平总书记总结历史经验，从人类社会发展规律的高度深刻指出：“历史地看，生态兴则文明兴，生态衰则文明衰”①，这是人类社会生态灾

---

① 《习近平关于全面建成小康社会论述摘编》，中央文献出版社 2016 年版，第 164 页。

难总结出来的血的教训。在人与自然的相互作用中，创造和发展了人类文明，人与自然的关系经历了从依附自然到利用自然、再到二者和谐共生的发展阶段。如今，人因自然而生，人与自然是一种共生关系，对自然的伤害最终会伤及人类自身，这种思想正在形成一种共识。在对待自然的问题上，恩格斯也曾深刻指出："我们不要过分陶醉于我们人类对自然界的胜利。对于每一次这样的胜利，自然界都对我们进行报复"。[①]生态文明是人类社会进步的重大成果，是实现人与自然和谐发展的新要求。尊重自然规律，走符合中国国情的环境治理现代化道路，才能最终实现人与自然的和谐共生。

尊重自然、顺应自然、保护自然，是中华文明的优秀传统。"万物各得其和以生，各得其养以成"，人与自然和谐共生，是中华民族生命之根，是中华文明发展之源。今天，强调尊重自然，就是要坚定人与自然相处时应秉持的首要态度，要求人对自然怀有敬畏之心、感恩之心、报恩之心，尊重自然界的创造和存在，对自然抱有平等对待之心；同时，尊重自然，要深刻认识自然界为人类的生存和发展提供了基本的条件，自然界对人的生存发展具有制约作用，人与自然不仅是共融共生的生命共同体，更是休戚与共的命运共同体。今天，强调顺应自然，就是要遵循人与自然相处时必须坚持的基本原则，要求人顺应自然的客观规律，不以人的意志为转移，按照自然规律办事，以制度约束人的行为，防止出现因急功近利和个人贪欲而违背自然规律的现象发生。今天，我们强调保护自然，就是要承担人与自然相处时应肩负的责任，要求人在充分发挥主观能动性，向自然界索取之时，必须做到呵护自然、回报自然，保护自然界的生态系统；同时，人类活动必须要限制在自然能够承受的范围和限度之内，实现人类对自然获取和给予的平衡，防止出现生态赤字和人为造成的不可逆的生态环

① 《马克思恩格斯选集》第4卷，人民出版社1995年版，第383页。

境灾难。

努力实现人与自然的和谐发展，建设以资源环境承载力为基础、以自然规律为准则、以可持续发展为目标的资源节约型、环境友好型社会，是建设社会主义生态文明的目标所在，也是努力走向环境治理现代化新时代的必然选择。

4. 从形成人与自然和谐发展新格局层面来看，环境治理现代化走进了新时代

习近平总书记强调:“环境就是民生，青山就是美丽，蓝天也是幸福”。[①] 要把生态环境保护放在更加突出位置，像保护眼睛一样保护生态环境，像对待生命一样对待生态环境，在生态环境保护上一定要算大账、算长远账、算整体账、算综合账，不能因小失大、顾此失彼、寅吃卯粮、急功近利。要坚持节约资源和保护环境的基本国策，推动形成绿色发展方式和生活方式，协同推进人民幸福、国家强盛、中国美丽的进程。

形成人与自然和谐发展的新格局，需要从以下几个方面进行:其一，必须做到节约资源和保护环境兼顾。通过在全社会、全领域、全过程强化节约意识培养，实现资源利用方式的根本性转变，推进循环经济、低碳经济、绿色经济，促进生产、流通、消费等各个环节的减量化、再利用、资源化，强化节能减排和水资源、矿产资源、土地资源等的节约利用和集约使用，实现资源节约的目标。同时，兼顾保护环境的空间格局、产业结构、生产方式、生活方式的转变，通过整体谋划国土空间开发，促进生产空间集约高效、生活空间宜居适度、生态空间山清水秀。其二，必须坚持保护优先、自然恢复为主。通过实行最严格的生态环境保护制度，强化预防为主和源头治理，首要关注利用自然力量修复生态系统。其三，必须推

---

① 习近平:《论把握新发展阶段、贯彻新发展理念、构建新发展格局》，中央文献出版社 2021 年版，第 90 页。

进绿色发展、循环发展、低碳发展。通过和谐推进经济发展与生态保护，实现保护中发展和发展中保护的辩证统一，坚决摒弃损害甚至破坏生态环境的发展模式和错误做法，要走生产发展、生活富裕、生态良好的文明发展之路，将社会主义环境治理现代化推进新时代。

5. 从加快生态文明体制改革层面来看，环境治理现代化走进了新时代

生态文明建设基于保护资源环境生产力基础上的人与社会关系的建立与协调。建设和谐的生态文明就是一场涉及生产方式、生活方式、思维方式和价值观念的革命性变革，实质上也是一种生产关系的变革。现实地看，目前我国生态环境保护中存在的一些问题，大都与体制不完善、机制不健全、法治不完备有关。解决这种生产关系的滞后，就要依靠根本性变革，也就是说，必须依靠体制改革、制度规范和法治保障。习近平总书记指出："只有实行最严格的制度、最严密的法治，才能为生态文明建设提供可靠保障。"[①]必须建立系统完整的制度体系，用制度保护生态环境、推进生态文明建设。

加快生态文明体制改革、推进环境治理现代化，需要考虑以下路径：其一，大力推进绿色发展。建立倡导绿色生产和绿色消费的相关法律制度，从政策导向、市场导向上给予绿色低碳循环发展、绿色技术创新、绿色金融、清洁生产等更多的支持。同时，构建清洁低碳、安全高效的能源体系，倡导绿色简约、环保低碳的生活方式，反对奢侈消费和不合理消费。其二，大力解决突出的生态环境问题。坚持全民共治、源头防治，有序推进大气、空气、水体、土壤等领域的污染防治，强化固体废弃物和垃圾分类治理，运用市场的手段和法制的手段，加强对破坏生态环境的违法犯罪行为的惩罚力度，逐步构建起党委领导、政府负责、社会协同、公众参与的环境治理现代化体系。其三，大力加强生态系统保护力度。通过实

① 习近平：《论坚持人与自然和谐共生》，中央文献出版社2022年版，第34页。

施重要区域生态系统保护与修复工程、构建生态走廊、织密生物多样性保护网络等，不断优化生态安全屏障体系。同时，持续推进国土绿化行动、严格耕地保护制度、强化荒漠化石漠化治理，建立更为完善的市场化、多元化生态补偿制度。其四，大力加强生态环境监管体制。通过对生态文明建设的顶层设计，建立起与之相适应的生态环境管理制度，强化对国有自然资源资产的管理和自然生态的监管，使国家真正做到对全民所有制自然资源资产、对所有国土空间用途和生态保护修复，以及对城乡各类污染物排放和行政执法的统一监管。同时，通过国土空间开发保护制度、主体功能区配套政策以及以国家公园为主体的自然保护地体系的构建，不断加大对生态环境的监管、对破坏生态环境行为的打击和治理力度。

（三）新时代要求生态文明建设与政治建设有机融合，为公众参与环境治理现代化提供了政治基础

习近平总书记指出："人民对美好生活的向往，就是我们的奋斗目标"。[①] 这是我国生态文明建设的政治要求。建设生态文明，实现中华民族的长远利益和永续发展，是党和政府的职责所在。我国是行政主导型的政治运行机制，政治的导向、协调、强制等在生态文明建设中起着关键的作用。这就决定了党和政府应在生态文明建设中发挥主导作用，实现政府的"生态执政"。可以说，将生态文明建设融入政治建设，其实质要求就是作为中国政治责任主体的政府要担负起生态文明建设的主要职责，要从理念上实行由工业文明向生态文明的转型。[②]

1. 生态文明建设与政治建设的有机融合，需要不断强化党和国家在生

---

① 《习近平谈治国理政》第一卷，外文出版社 2018 年版，第 3 页。

② 参见胡建：《融入政治领域的生态文明建设之关键——构建生态文明建设的法律制度体系》，载《观察与思考》2016 年第 5 期；秦书生、王旭：《把生态文明建设融入政治建设探析》，载《中共天津市委党校学报》2015 年第 5 期。

态文明建设中的政治领导力

生态文明建设关注的不是社会局部的、暂时的利益，而是注重整体的、长远的生态利益。这种对整体性的关注，决定了生态文明建设考量的是人与自然的关系、人与人的关系的优化，以及包括经济、社会、文化、自然环境等诸多要素之间的协调发展和整体推进。换言之，衡量一个社会的发展程度，要综合考虑经济、社会、文化、自然环境等一系列综合指标以及其协调程度。具有整体性特征的生态文明建设，必然由代表公权力的党和政府来主导。事实上，作为公权力的主要拥有者和行使者，党和政府掌握着大多数的社会公共资源，具有公共代表性，有权威、有能力主导生态文明建设。目前，生态文明建设的各项政策在执行过程中将触碰各种利益主体，多元化的利益结构和利益诉求，要求党和政府必须进一步加强对生态文明建设的政治领导力，以强有力的政治领导力保障生态文明政策创新。如果没有一种超越各种利益主体之上的政治领导力，生态文明建设的政策创新将难以落实，也就难以实现本质上的突破。

加强党在生态文明建设中的核心领导作用，强化党在生态文明建设中的科学决策作用。具体来说，就是将生态文明作为党领导人民进行中国特色社会主义事业的核心任务和重要目标，把生态文明纳入党的执政纲领之中，将生态文明建设的重大议题作为党中央决策的重大问题，给生态文明建设指明未来发展方向。同时，要进一步强化马克思主义在生态文明建设中的指导地位，在全社会普及生态文明的相关知识包括基本要义、立场、观点、方法等，强化党的生态文明建设战略和政策的学习教育和宣传引导，这既是加强党在生态文明建设中的核心领导作用的体现，也是把生态文明建设融入政治建设的思想保证。要强化党在生态文明建设中的核心领导，抓手就是领导干部这个“关键少数”。为此，要紧紧抓住学习型政党建设，切实改变领导干部对待生态文明建设的固有的、带有偏见的观念认识，通过“以上率下”的示范引领作用达到预期目标。从一定意义上来说，“生态文明建设的成败关键在于领导干部执政理念的生态化，尤其是发展理念和政绩观的生态化”[①]。

加强党在生态文明建设中的核心领导作用，要求将生态文明建设的目标责任制作为干部考核的重要内容，不断完善领导干部的绿色政绩考核和生态保护责任制追究制度。为此，必须将生态文明理念融入政府的日常工作，将生态文明建设的效果纳入领导干部的考核体系。只有这样，才能够使生态文明建设更好地融入政治建设。习近平总书记多次强调，要建立体现生态文明要求的目标体系、考核办法、奖惩机制，这就要求各级政府必须不断强化政府的生态责任、不断完善干部的绿色政绩考核机制，同时，持续推进生态保护责任追究制度、生态补偿制度等，从而构建起责任明确、奖惩分明的生态文明建设绩效考核机制和责任目标体系。因此，各级领导干部要树立正确的绿色政绩观，把生态文明建设的各项任务和要求转化为日常工作的目标和常态，通过建立完整的绿色政绩考核内容、方式方法和标准法律化、制度化，把制度约束和群众监督、社会监督、舆论监督等有机结合起来，同时，通过完善生态文明建设责任追究制度甚至终身追究制度的构建，通过有效的奖惩机制使能者上、庸者下，比如新的《环境保护法》首次明确规定了对主要负责的领导干部实行“引咎辞职”政策，这有助于领导干部进一步增强生态责任意识。通过上述种种措施的顺利施行，实现生态文明建设的目标和任务，这也充分体现了党和政府对生态文明建设的强有力的领导。

加强党在生态文明建设中的核心领导作用，还要充分发挥人大和政协的重要作用。这就要求，各级人民代表大会要强化对生态文明建设的

① 郭永园:《生态化：民族地区生态文明建设融入政治文明建设的实现路径》，载《广西民族研究》2017年第3期。

立法监督问责职能。从议题设置来看，生态文明建设议题应该作为各级人大的重点议题；从制度设计来看，各级人大应该及时制定地方关于生态文明建设的相关制度；从监督职能来看，各级人大应该不断加强对政府关于生态文明建设的各项工作的跟踪监督，确保生态文明建设各项工作能够落到实处、取得实效。同时，加强党在生态文明建设中的核心领导作用，也表现为将生态文明建设作为政治协商、参政议政的重要内容，强化政协对生态文明工作的监督职能。这就要确保凡是涉及生态文明的重大国家预算和工程方案，都必须经过政协和人大审议程序，接受相关的监督。各级政协要充分发挥专业职能和智力优势，通过设立有针对性的生态文明建设调研题目，集思广益，形成全社会积极参与生态文明建设的局面。

2. 生态文明建设与政治建设的有机融合，需要不断完善环境保护制度体系

生态文明建设融入政治建设，需要政府构建完善的生态文明建设的政策法规体系，以规范和约束各个市场主体的行为，从而为生态文明建设提供可靠的制度保障。习近平总书记强调："只有实行最严格的制度、最严密的法治，才能为生态文明建设提供可靠保障。"[①] 党的十八届三中全会要求，必须建立系统完整的生态文明制度体系，运用制度来保护生态环境，这彰显了党和国家建立生态文明建设的制度体系的决心和意志。法治是生态文明最核心的制度保障，没有健全的法治体系，没有对法律的充分尊重，没有建立在法律之上的社会秩序，就没有"美丽中国"的实现。[②] 为此，需要构建国家层面的生态文明建设制度体系，它应该包括：以生态文明立

---

① 《习近平关于全面深化改革论述摘编》，中央文献出版社 2014 年版，第 104 页。

② 郭永园、彭福扬：《元治理：现代国家治理体系的理论参照》，载《湖南大学学报》（社会科学版）2015 年第 2 期。

法体系、生态文明执法体系为核心的法律保障体系，以及完善的生态环境保护制度体系。

（1）构建完备的生态文明法律保障体系

构建完备的生态文明法律保障体系，就应该将“用严格的法律制度保护生态环境，加快建立有效约束开发行为和促进绿色发展、循环发展、低碳发展的生态文明法律制度，强化生产者环境保护的法律责任，大幅度提高违法成本”的生态文明建设理念制度化。①

一方面，构建完善的生态文明立法体系是有序推进生态文明制度建设的前提基础。近年来，虽然我国的相关立法工作取得了重要进展，生态文明立法体系日益完善，但是在立法的基本理念、具体内容以及可操作性等方面还存在许多不足之处。因此，在今后的生态文明立法方面，应该突出生态文明建设的发展要求，加强创新设计、转变立法理念和立法重心，突出生态环境保护与经济可持续发展的理念，以起到引领和规范经济社会发展与生态环境保护实现双赢。随着诸多新的生态环境问题的出现，生态文明立法要与时俱进，破旧立新，切实解决好对诸如雾霾治理、环境安全、生态移民等问题的法律规范。要从政治的高度、长远的视角开展创造性的工作，大力推进生态文明立法体系的完善。

另一方面，严格的生态文明执法体系建设是生态文明法律制度实施的重要环节，也是构建完备的生态文明法律保障体系的关键所在。提高环境法律制度的执行力，强化生态文明执法体系建设，是生态文明法律制度建设的重要组成部分。近年来，虽然我国制定了许多保护环境的法律制度，但是破坏环境的违法行为依然很多，这在相当程度上是环境法律制度执行不彻底、不到位的结果。要强化生态文明执法体系建设，一是要明确政府

① 《中共中央关于全面推进依法治国若干重大问题的决定》，人民出版社2014年版，第14页。

在生态文明建设中所肩负的主体责任，通过相应的法律机制对监管者进行有效的监督，建立更加高效、可操作性更强的生态文明执法体制，加强政府生态文明建设的战略设计，强化政府责任意识，从而不断完善政府对于生态文明建设的职责。二是要改革和创新生态文明执法方式，进一步强化作为建设服务型政府的软性执法方式之一的环境行政执法约谈模式。“环境行政执法约谈，是指在环境行政执法过程中，享有行政执法权的行政主体，通过约谈沟通、学习政策法规、分析讲评等方式，对社会组织运行中存在的问题予以纠正并规范的准行政行为。”① 三是要进一步加强生态文明执法的部门联动和密切配合，深化各执法部门责任。生态文明执法首先是各级环保部门的重要职责，这就需要持续推进各级环保执法部门的密切配合和协调统一，杜绝消极推卸职责的现象，提升生态文明执法效率。完善生态文明建设的环境执法机制，就是不断深化执法责任、转变执法手段、加强执法配合的有机统一。

（2）构建完善的生态环境保护制度体系

生态文明建设融入政治建设的各方面和全过程，在政治建设中进行制度体系的创新非常必要。这种创新，强调生态环境保护制度体系的完善要符合政治建设的要求，通过加强政策支持促进生态文明建设。

构建完善的生态环境保护制度体系，需要从具体国情出发完善四类制度。其一，完善生态文明建设的环境政策支持制度。生态文明建设融入政治建设的关键环节是政府的行政管理。生态文明建设的持续推进，不仅需要市场主体自身转变经济发展方式、建立绿色发展模式，更需要作为生态文明建设推动者的政府通过提供积极高效的环境政策支持，而这种环境政策支持的主要手段是税收政策和财政政策的支持。其二，完善旨在解决整

---

① 张福刚：《生态文明建设的法治保障——以环境行政执法约谈法治化为视角》，载《毛泽东邓小平理论研究》2013 年第 6 期。

个社会宏观领域问题的相关制度。由于生态文明建设的整体性，涉及经济、社会、政治、文化、自然环境等方方面面，以立法和建立规章制度的形式来强制性地规范整个社会的行为，诸如耕地保护法、环境保护法、大气十条、水十条、土壤十条等，都是非常必要的。其三，完善保证市场主体之间进行商业活动合理秩序的相关制度。政府的监管是建设生态文明的重要保障，除此之外，更需要通过协调、规范各市场主体之间的利益关系鼓励和支持它们参与生态文明建设。为此，政府与时俱进地运用产权理论建立起一套完整的资源占用权、污染排放权的交易制度，用以缓解乃至最终解决经济发展与保护环境之间的矛盾，促使它们朝向双赢的局面不懈努力，使得做到社会保护生态环境的成本最小化，从而不断推进生态文明建设。其四，完善用以解决局部范围与微观领域中责任追究及赔偿问题的相关制度。一方面，通过设立环境保护税、筹集环保资金等，规范、引导和鼓励作为纳税人的企业与个人的生产活动和消费等行为，强化对生态环境与资源的保护与合理利用，增加对国家可持续发展的资金支持，以实现特定的生态环境保护目标；另一方面，制定激励生态文明建设的税收机制，这是一种卓有成效的奖惩制度，即通过对非生态行为的惩罚、对生态行为的奖励与补偿，以达到促进生态文明建设不断走深走实的作用。①

3. 生态文明建设与政治建设的有机融合，需要广泛而又深入的公民政治参与

人民当家作主是社会主义政治文明的本质和核心，民主是社会主义的生命，没有民主就没有社会主义，就没有社会主义的现代化。② 党的二十大报告指出，“必须坚定不移走中国特色社会主义政治发展道路，坚

① 参见胡建：《融入政治领域的生态文明建设之关键——构建生态文明建设的法律制度体系》，载《观察与思考》2016 年第 5 期。

② 辛向阳：《中国共产党的领导是中国特色社会主义最本质特征》，载《光明日报》2014 年 10 月 14 日。

持党的领导、人民当家作主、依法治国有机统一，坚持人民主体地位，充分体现人民意志、保障人民权益、激发人民创造活力”，强调“要健全人民当家作主制度体系，扩大人民有序政治参与，保证人民依法实行民主选举、民主协商、民主决策、民主管理、民主监督，发挥人民群众积极性、主动性、创造性，巩固和发展生动活泼、安定团结的政治局面”。上述论述，都强调人民拥有参与、管理、监督包括环境治理在内的各项国家事务的广泛而真实的民主权利，这是我党在新时代“以人民为中心”的执政理念的生动体现，也是对习近平总书记所强调的“人民对美好生活的向往，就是我们的奋斗目标”的鲜活阐释。

从理论上来看，公众参与生态文明建设是指公众参与和生态利益相关的决策活动和实施过程，参与一切创造生态文明成果的实践活动的总称。公众参与生态文明建设是公民权利的实现，也是每个公民应尽的义务。一方面，生态文明是对工业文明的反思与超越，是对传统发展方式尤其是资本主义生产方式破坏人与自然关系的深刻反思，是一种试图实现人与自然、经济与环境协调发展的新的文明观，同时也是强调人民民主、最终实现人的自由全面发展的必由之路。从一定意义上来说，生态文明“以人为本”的政治建设，正是从资本专制主义到人民民主主义的发展。① 党的二十大报告指出：“人民民主是社会主义的生命，是全面建设社会主义现代化国家的应有之义。全过程人民民主是社会主义民主政治的本质属性，是最广泛、最真实、最管用的民主。”这些都为实现最广泛的人民民主确立了正确的方向。另一方面，公众参与生态文明建设可以充分发挥公众的社会合力和整合功能。生态文明建设是一个整体性的系统过程，包含了从宏观到微观的各个领域、涵盖了包括经济、社会、政治、文化等多方面因

① 余谋昌：《环境伦理与生态文明》，载《南京林业大学学报》（人文社会科学版）2014 年第 1 期。

素。公众作为生态文明建设的基础性力量，包含于生态文明建设的大系统之中。只有充分调动每一位社会公众的热情和力量，鼓励、引导、规范其环境参与行为，才能形成社会公众的“总合力”，也才能产生出社会合力的整体功能和强大效果，从而不断促使生态文明建设系统的整体性能优化，推动生态文明建设系统实现稳定有序、充满活力的正向运动。① 在中国特色社会主义的新时代，生态文明建设拓展了社会主义民主的范畴，增加了社会主义民主的内涵，其表现的新形式为生态化民主建设。所谓“生态化民主建设，是指社会公众享有在生态文明建设中的参与和决策的资格，并据此享有和承担法律上的权利和义务，是人民当家作主的社会主义国家本质在生态文明建设领域的存在形态”②。因此，为了满足人民日益增长的美好生活需要，我们必须走生态文明之路，实现生产发展、生活富裕、生态良好和人的自由全面发展的协调统一。

从实践上来看，新时代生态文明建设融入民主政治建设的集中体现就是生态环境治理领域的公众参与。生态文明建设融入政治建设，必然要求生态文明领域的政治民主和公众政治参与。因此，新时代推进环境治理现代化的过程中，不仅需要党和政府对生态文明建设予以重视，更需要广大公众的共同参与和支持。在具体的实践中，环境治理现代化中的公众政治参与内容丰富、程序清晰，主要包括选举、决策、管理和监督四个方面。其一，公众在行使政治选举权时，不仅要关注候选人在经济、社会、文化等权益方面的承诺和业绩，也应聚焦候选人关于生态文明的政策主张和绩效，关注其是否具有推进生态文明相关工作的能力和担当，将这些都作为投票的重要参考因素，以保证选举出来的领导干部不仅能够代表我们的生

① 参见秦书生、张泓：《公众参与生态文明建设探析》，载《中州学刊》2014 年第 4 期。

② 郭永园：《生态化：民族地区生态文明建设融入政治文明建设的实现路径》，载《广西民族研究》2017 年第 3 期。

态权益，更能适应新时代在生态文明建设方面的新要求、新使命。其二，公众要积极参与政府部门的各种环境决策制定，通过征询、调查、听证、辩论、座谈会等多种方式表达自己的权益关注，特别是在关于自身生态利益的决策时要勇于并善于表达自己的生态诉求，发出强有力的理性声音，提高环境政策参与的效能，真正参与、监督并影响政府决策。其三，公众通过多种方式参与，包括专家咨询、起草立法、立法监督、事件听证等行之有效的参与活动，使环境保护部门在制定规章制度、行政机关进行环境管理时都有相当力量的公众参与其中，强化公众在生态文明制度的建设和发展过程中的作用发挥。其四，公众应强化全体系监督的意识和能力，不仅对政府决策和政府行为进行有效监督，还要对造成环境污染生态破坏的各类责任主体进行监督和追责。在公众强有力、全覆盖的监督之下，政府或企业要对造成的污染进行治理、已被破坏的生态环境进行恢复和保护；对生态环境有潜在危险的、将来可能会污染环境导致生态系统破坏的行为进行事前监督和追踪监督；对损害公众生态权益的行为进行监督和举报，要求其停止破坏环境的行为并负起责任，直至发起环境公益诉讼。生态文明建设关系每个人的切身利益，应该不断夯实生态文明制度建设过程中的群众基础，调动群众参与制度建设的积极性和主动性。①

二、新时代环境治理现代化需要广泛、深入的公众参与

（一）环境治理现代化中的公众参与是马克思主义群众观在新时代的体现

人民创造历史还是英雄创造历史？马克思恩格斯认为，生产实践是历

① 参见秦书生、王旭：《把生态文明建设融入政治建设探析》，载《中共天津市委党校学报》2015年第3期。

史产生的源泉，人民群众创造历史并推动历史发展，对当社会主流英雄人物创造历史的观点进行了深刻批判。在人类历史发展的各个阶段，人民群众的参与决定了几乎所有重大事件和社会运动的走向。在人与自然的辩证发展过程中，人民群众广泛而深入的参与也至关重要。马克思主义群众观的核心内涵与公众参与环境保护在价值理念上高度契合，为其提供了很多理论支持。

1. 马克思主义群众观体现了人民群众参与社会历史进程的必然性和重要性

人民群众是历史的创造者，历史发展的关键抉择都是人民群众做出的。马克思主义群众观主要包括三个方面：其一，群众意识。树立以群众为中心的思想，工作中要依靠群众、代表群众利益和为群众着想。其二，群众主体地位。人民群众是历史发展的主体，也是社会实践的主体，是社会真正的主人。其三，走群众路线。保证群众可以参与到制定政策过程中，群众意愿得以表达，由群众来验证政策实施成果。

马克思恩格斯对人民群众历史地位的界定非常清晰。其一，人民群众决定历史。"与其说是个别人物、即使是非常杰出的人物的动机，不如说是使广大群众、使整个整个的民族，并且在每一民族中间又是使整个阶级行动起来的动机"①，群众史观则确立了"人们自己创造自己的历史"②这一重要的唯物主义观点。其二，历史是人民群众意志的整体体现。恩格斯认为："历史是这样创造的：最终的结果总是从许多单个的意志的相互冲突中产生出来的，而其中每一个意志，又是由于许多特殊的生活条件，才成为它所成为的那样。这样就有无数互相交错的力量，有无数个力的平行四边形，由此就产生出一个合力，即历史结果，而这个结果又可以看做一个作

① 《马克思恩格斯选集》第4卷，人民出版社1995年版，第249页。

② 《马克思恩格斯选集》第1卷，人民出版社1995年版，第585页。

为整体的、不自觉地和不自主地起着作用的力量的产物。因为任何一个人的愿望都会受到任何另一个人的妨碍，而最后出现的结果就是谁都没有希望过的事物。所以到目前为止的历史总是像一种自然过程一样地进行，而且实质上也是服从于同一运动规律的。但是，各个人的意志——其中的每一个都希望得到他的体质和外部的、归根到底是经济的情况（或是他个人的，或是一般社会性的）使他向往的东西——虽然都达不到自己的愿望，而是融合为一个总的平均数，一个总的合力，然而从这一事实中决不应作出结论说，这些意志等于零。相反，每个意志都对合力有所贡献，因而是包括在这个合力里面的。”① 其三，人民群众是社会发展的主导力量。社会财富的创造、生产力的发展和社会的进步，都是人民群众劳动实践的成果。虽然时势造英雄，但归根结底推动历史洪流走向的决定性力量还是人民群众。

2. 马克思恩格斯公众环境参与思想在新时代的重要价值体现

在马克思恩格浩若烟海的文献中，很少有直接论述公众参与的内容。但是在马克思恩格斯有关人与自然辩证关系、公众参与的相关论述中，则包含着丰富的环境公众参与思想。比如，马克思恩格斯通过对人与自然辩证关系的深刻思考，批判了资本主义生产方式对人与自然关系的双重破坏；论述了通过暴力革命的方式实现无产阶级的阶级统治，保障人民享有广泛的社会权利，尊重人民群众的首创精神等；通过系统化考察黑格尔市民社会理论，强调市民社会对于国家的基础性作用，指出市民有权利参与社会公共事务管理，从理论和实践上指导了公众参与行为。

（1）实现人与自然辩证统一是环境公众参与的理论出发点

马克思恩格斯公众环境参与思想的基础是人与自然辩证关系理论，他们认为，自然界是人类产生的基础。从一定意义上说，解决环境问题在于

---

① 《马克思恩格斯文集》第10卷，人民出版社2009年版，第593页。

如何处理人与自然和谐相处——尊重自然规律，充分发挥人的主观能动性，最终实现人与自然的和谐统一。

其一，在人与自然的辩证关系中，自然具先在性和公共性。自然的先在性体现在，“先于人类历史而存在的那个自然界”①，马克思对自在自然的描述强调了自然界的优先地位。因为“人本身是自然界的产物，是在自己所处的环境中并且和这个环境一起发展起来的；这里不言而喻，归根到底也是自然界产物的人脑的产物，并不同自然界的其他联系相矛盾，而是相适应的。”② 人和人类社会是从自然中产生出来的，自然是人类和人类社会产生的基础，自然为人类生存提供资料。恩格斯强调人与自然紧密相连的关系，在《自然辩证法》中说：“我们决不像征服者统治异族人那样支配自然界，决不像站在自然界之外的人似的去支配自然界——相反，我们连同我们的肉、血和头脑都是属于自然界和存在于自然界之中的”。③ 作为自然的一部分，没有完全孤立于自然之外的人和人类社会。破坏自然或保护自然，人类永远不能置身事外。自然是人和人类社会生存和发展的必备条件，保持自然的平衡发展、良性循环是人类得以生存和发展的根本基础，人与自然共存亡。这是对“自然史和人类史就彼此相互制约”④ 的证明，也凸显环境保护和公众参与工作的必然性和重要性。公共性表现为，“我们这个世纪面临的大变革，即人类与自然的和解以及人类本身的和解”，⑤ 这个和解将是全人类共同思考与探寻的结果。作为公共物品被最广泛共享的自然界，是人类在同一空间的共享，也需要可持续的良好运行状态。良好的自然存续和发展状态关系到公众利益的实现，保护自然界的

① 《马克思恩格斯文集》第1卷，人民出版社2009年版，第530页。
② 《马克思恩格斯文集》第9卷，人民出版社2009年版，第39页。
③ 《马克思恩格斯文集》第9卷，人民出版社2009年版，第560页。
④ 《马克思恩格斯文集》第1卷，人民出版社2009年版，第516页。
⑤ 《马克思恩格斯全集》第3卷，人民出版社2002年版，第449页。

生态平衡是人类必须肩负的责任和义务。

其二，在人与自然的辩证关系中，人具有主观能动性。马克思认为，人在面对自然的时候，不是只能被动地接受，人具有改变自然的能力。“自然主义的历史观……是片面的，它认为只是自然界作用于人，只是自然条件到处决定人的历史发展，它忘记了人也反作用于自然界，改变自然界，为自己创造新的生存条件。”①“只有人能够做到给自然界打上自己的印记，因为他们不仅迁移动植物，而且也改变了他们的居住地的面貌、气候，甚至还改变了动植物本身”。② 在实践过程中，人类充分发挥自身能动性和主动性，能够从自然界得到更好的、更适宜的生产生活资料和生存环境，也使得人与自然的联系更加紧密。从这个意义上说，公众环境参与正是在发挥人的主观能动性的基础上，通过实践活动对自然进行积极干预，阻止自然生态环境的恶化，推动经济社会资源环境的可持续发展，最终实现人与自然的和谐统一。

其三，在人与自然的辩证关系中，人应尊重自然、顺应自然。恩格斯告诫人类：“不要过分陶醉于我们人类对自然界的胜利。对于每一次这样的胜利，自然界都对我们进行报复。每一次胜利，起初确实取得了我们预期的结果，但是往后和再往后却发生完全不同的、出乎意料的影响，常常把最初的结果又消除了。”③ 所有“不以伟大的自然规律为依据的人类计划，只会带来灾难”。④ 在遵循客观规律的前提下，人类可以在合理的范围内认识和改造自然，更好地利用自然为自身服务。但是，所有以破坏自然为前提来满足自身欲望的行为，其本质是对自然平衡的破坏，都会破坏人与自然的和谐关系从而最终导致对人类自身的灾难。在资本主义生产和自然

① 《马克思恩格斯文集》第 9 卷，人民出版社 2009 年版，第 483—484 页。

② 《马克思恩格斯选集》第 3 卷，人民出版社 2012 年版，第 859 页。

③ 《马克思恩格斯选集》第 3 卷，人民出版社 2012 年版，第 998 页。

④ 《马克思恩格斯全集》第 31 卷，人民出版社 1972 年版，第 251 页。

关系上，马克思指出："资本主义生产……一方面聚集着社会的历史动力，另一方面又破坏着人和土地之间的物质变换……使人以衣食形式消费掉的土地的组成部分不能回归土地，从而破坏土地持久肥力的永恒的自然条件。"①"资本主义农业……在一定时期内提高土地肥力的任何进步，同时也是破坏土地肥力持久源泉的进步。"②马克思以土地为例，批判阐述资本主义为了追求最大化的经济利益，破坏了包括土地资源在内的自然资源的循环规律。在这种情况下，通过凝聚大众力量参与环境保护，转变人类不合理的行为模式，尊重自然、顺应自然，按照自然规律办事，实现良好运行基础上的人与自然界的能量物质变换，达到人与自然和谐发展的目的。

其四，在人与自然的辩证关系中，人与自然应该相互依存。恩格斯指出："人本身是自然界的产物，是在自己所处的环境中并且和这个环境一起发展起来的"。③自然对人和人类社会的发展具有决定作用。"自然界对人来说才是人与人联系的纽带"④，自然界在产生人类的同时，也影响乃至决定着人类社会的产生、形成与发展。在人类与自然界交往即实践过程中，保证人类与自然界关系的融洽，形成良性循环，实现人与自然真正的和谐共处，这是公众环境参与的动机和目的。马克思恩格斯认为，不断索取的资本主义生产方式造成了人与自然关系的异化，对自然界的过度索取必然会引发自然对人的报复，只有停止对自然资源的无限制开发与不合理使用，恢复自然自身运行的平稳状态，才能实现人与自然的融洽和谐。归根到底，自然是人类生存发展的基础，人是自然界的一部分，自然环境的好坏和优劣决定着人类的生存和发展，这既是马克思唯物主义本体论的基

① 《马克思恩格斯文集》第5卷，人民出版社2009年版，第579页。

② 《马克思恩格斯文集》第5卷，人民出版社2009年版，第579—580页。

③ 《马克思恩格斯文集》第9卷，人民出版社2009年版，第38—39页。

④ 《马克思恩格斯文集》第1卷，人民出版社2009年版，第187页。

本观点，也是唯物论中人与自然关系思想的体现，显示出了公众环境参与的必要性和重要性。

（2）人民群众有权管理社会事业是实现环境公众参与的实践路径

黑格尔认为，政治国家是位于市民社会之上的，市民不能也没有权利参与国家和公共事务治理。马克思通过对黑格尔市民社会理论的系统考察，认为市民社会决定国家、是国家的基础，市民有权利参与社会公共事务管理，也为公众环境参与提供了重要的理论支持。

其一，人民群众有参与管理社会公共事务的权利。一方面，马克思对市民社会和政治国家的观察与分析是建立在唯物主义基础上的，他认为市民有参与公共事务管理的权利。“国家决不是外部强加于社会的一种力量。国家也不像黑格尔所断言的是‘伦理观念的现实’……国家是社会在一定发展阶段上的产物”。[①] 当“社会陷入了不可解决的自我矛盾，分裂为不可调和的对立面而又无力摆脱这些对立面。而为了使这些对立面，这些经济利益互相冲突的阶级，不致在无谓的斗争中把自己和社会消灭，就需要有一种表面上凌驾于社会之上的力量……这种从社会中产生但又自居于社会之上并且日益同社会相异化的力量，就是国家”。[②] 社会发展到一定阶段，为了缓和社会矛盾而产生的国家，是为市民社会服务的。“家庭和市民社会是国家的现实的构成部分，是意志的现实的精神存在，它们是国家的存在方式，家庭和市民社会使自身成为国家。它们是动力。”[③] 马克思认为作为家庭和市民社会重要构成要素人，“动力”的根本也来源于人。因此，作为市民社会主体的人在进行经济活动的同时，有权参与公众事务和国家的治理，不仅合乎情理，更是人们的素质提高后自身内化力量实现的一种

① 《马克思恩格斯文集》第 4 卷，人民出版社 2009 年版，第 189 页。

② 《马克思恩格斯文集》第 4 卷，人民出版社 2009 年版，第 189 页。

③ 《马克思恩格斯全集》第 3 卷，人民出版社 2002 年版，第 11 页。

需要和途径，“民主要素应当成为在整个国家机体中创立自己的合乎理性的形式的现实因素。”① 作为关系到社会公共利益的环保活动，给人民群众提供了实现民主权利的重要活动空间，符合国家和市民社会本质要求。另一方面，公众环境参与是市民与政府的连接媒介之一。马克思认为，市民社会与政治国家是相对分离的关系。市民社会的基本内容是经济交往，同时也包含其他社会活动；国家虽在实现统治阶级利益的同时，也要顾及社会成员的公共利益。市民社会与国家之间既需要相互依存又很难兼顾双方利益和诉求的困境，为广泛的公民政治参与提供了历史可能性和现实必要性。从这个意义上来说，公众环境参与可以填补连接公众和政府行使环保权利之间的缝隙，马克思的市民社会和国家相对分离的理论为公众参与社会事务管理、公众环境参与提供了理论支持。

其二，马克思主义的政治参与观解释了公众环境参与的目的与动因。作为马克思理论的重要组成部分，马克思主义政治参与观分析和解释公民参与政治活动的根本动因和目的。“人们为之奋斗的一切，都同他们的利益有关”②，人们的活动都是为了实现自己所追求的某种利益。随着经济社会发展，人类逐渐扩大了对自然实践的范围，人与人之间交往愈发频繁密切。为了实现自己日益增加的利益，人们通过参与政治活动、借助国家力量来表达、维护和争取自己的诉求，从而达到保护和实现自己利益的目的。然而，“权利决不能超出社会的经济结构以及由经济结构制约的社会的文化发展”。作为社会的公共事务，环保活动涉及每个社会成员的切身利益，人们通过参与环保活动来表达、维护和实现自己的利益诉求，正是马克思主义强调人民群众的政治参与行为是物质利益基础上对自身利益和“公共利益”双重获取行为的生动体现。

---

① 《马克思恩格斯全集》第3卷，人民出版社2002年版，第144页。

② 《马克思恩格斯全集》第1卷，人民出版社1995年版，第187页。

（3）人民群众是新时代公众环境参与的真正主体

公民既有权利也有义务参与环保活动，有着充分的法律和理论依据。2014 年修订后的环境保护法第 6 条规定："公民应当增强环境保护意识，采取低碳、节俭的生活方式，自觉履行环境保护义务。"① 第53条规定："公民、法人和其他组织依法享有获取环境信息、参与和监督环境保护的权利。"② 公共财产与公共管理理论认为，环境要素是人类的公共财产，作为国家主人的人民群众有权参与和管理一切与环保活动。经济学领域中的"环保相关者"概念也发展到了环保领域，成为支持公众环境参与的重要理论支撑。环保主义者认为，人类的生存发展和自然生态环境的变化息息相关，面对环境问题带来的伤害，为保护个人和共同的利益，参与有关环境政策制定、问题研究和冲突的解决中来，环境利益相关者的人民群众责无旁贷。

环保公共权力不属于政府或者国家，不能被统治阶级垄断，它是属于人民群众的，这充分凸显了"一切为了群众"这一宗旨的实现——人民群众才是公共权力的真正主人。社会生产力的发展、社会制度的变革，都是广大人民群众共同努力、持续推动的结果，参与环保活动是人民群众创造历史的重要内容和具体体现。在具体的环境参与实践中，人民群众在接受权力机关的环境公共政策方案的同时，也需要向环境公共政策系统表达自己的意愿和诉求，实际参与到环境公共政策制定、执行和反馈的全过程中，从而使环境公共政策能够更充分地代表和保障自己的利益。实现人民群众的环保参与权利，其最终的目的是维护人民群众的基本的环境权，这正是马克思主义群众观所强调的"一切为了群众"在公众环境参与中的具体体现。公众环境参与符合全体社会成员利益的行为，表达人民群众对美

---

① 《中华人民共和国环境保护法》，人民出版社 2014 年版，第 18 页。

② 《中华人民共和国环境保护法》，人民出版社 2014 年版，第 31 页。

好生活环境、对人与自然融洽和谐相处的美好愿望，是全体社会成员利益的共同融合和体现。作为环境参与的主体，人民群众应正视自己在这场事关人类生存与发展的运动中重要作用的发挥，协助政府和相关环保组织，共同推动人与自然和谐统一的真正实现。中国特色社会主义进入了新时代，充分尊重人民群众对美好生活的向往，发挥人民群众的首创精神，把环境公众参与推进到新的时代，更需要充分发挥人民群众的主体作用。这既是新时代“以人民为中心”的价值理念的体现，也是新时代马克思主义群众观的内在要求。

（二）环境治理现代化中的公众参与是新时代环境治理现代化的生动写照

1. 新时代环境治理现代化

党的二十大报告指出，“基本实现国家治理体系和治理能力现代化，全过程人民民主制度更加健全，基本建成法治国家、法治政府、法治社会”是 2035 年我国发展总体目标之一；并提出，未来五年的主要目标任务包括：“改革开放迈出新步伐，国家治理体系和治理能力现代化深入推进，社会主义市场经济体制更加完善，更高水平开放型经济新体制基本形成；全过程人民民主制度化、规范化、程序化水平进一步提高，中国特色社会主义法治体系更加完善”。

环境治理现代化包含于国家治理体系和治理能力现代化之中，是实现国家治理体系和治理能力现代化在生态环境方面的重要体现。所谓环境治理现代化，包括环境治理体系和治理能力的现代化两个方面，就是使国家环境治理体系制度化、科学化、规范化、程序化，使国家环境治理者善于运用法治思维和法律制度治理环境。环境治理体系和治理能力现代化，是加快推进生态文明建设、促进环境质量改善的基础保障。环境治理体系和治理能力是软实力，直接决定着环境治理的成效。环境治理的创新在于共管共治，切入点在于转变政府职能，落脚点在于促进公平正义，基础在于制度建设，基本方式在于法治，本质特征在于民主。只有实现环境治理体系和治理能力的现代化，才能为生态文明的建设和发展提供制度保障，才能进一步完善和发展中国特色社会主义制度。

衡量一个国家的环境治理是否现代化，可以参考以下四个评价标准。其一，环境治理的观念系统是否现代化。现代化的环境治理理念应具备三个特征：理念的战略性和前瞻性，理念的包容性和共享性，理念的根植性和开放性。其二，环境治理的结构系统是否现代化。其基本要素是：治理主体框架合理，权力界限清楚明晰，制衡机制科学有效。其三，环境治理的制度系统是否现代化。现代化的环境治理制度系统包括制度体系规范化，制度体系高效化，制度体系法治化。其四，环境治理的能力系统是否现代化。环境治理能力现代化是实现环境治理现代化的根本出发点和落脚点。[①]

在国家环境治理体系和治理能力现代化的要求下，一方面要求从“大政府”的视角来认识生态环境治理；另一方面，要从全社会的视角来认识生态环境治理。“多元共治”成为新《环境保护法》秉持和体现的重要思想和原则，公众参与、环境信息公开以及环境公益诉讼等成为新环保法的重大突破和亮点。现代治理理念的提出，反映了由政府主导的单中心格局，向政府、市场、社会合作共治的多元格局的转变。实现国家管理向治理的转变，是建立现代生态环境治理体系的基础性条件。

2. 公众参与是环境治理现代化的题中之义

（1）环境治理现代化需要切实有效的公众参与

在现代化的环境治理体系中，广泛而又深入的公众参与非常必要也非常重要。党的二十大报告指出，“健全共建共治共享的社会治理制度，提

---

① 参见沈佳文：《推进国家生态治理体系和治理能力现代化的现实路径》，载《领导科学》2016 年 2 月。

升社会治理效能。在社会基层坚持和发展新时代‘枫桥经验’，完善正确处理新形势下人民内部矛盾机制，加强和改进人民信访工作，畅通和规范群众诉求表达、利益协调、权益保障通道，完善网格化管理、精细化服务、信息化支撑的基层治理平台，健全城乡社区治理体系，及时把矛盾纠纷化解在基层、化解在萌芽状态”，“发展壮大群防群治力量，营造见义勇为社会氛围，建设人人有责、人人尽责、人人享有的社会治理共同体”。新时代环境治理现代化建设，是实现“两个一百年”奋斗目标的根本保证、是保障群众环境权益的宗旨的集中体现、是顺利推进新时代环保事业的必然要求，它包括政府学习能力、战略能力、组织能力、创新能力以及引领能力等内容。① 有效的生态环境治理涉及“谁来治理”“如何治理”“治理得怎样”三个问题，分别对应“多元参与”“治理机制”和“监督考核”三大要素。生态环境治理体系建设的重点是“多元参与”“治理机制”和“监督考核”，治理能力的重点是政府主导能力、企业行动能力、社会组织和公众的参与能力。② 新时代的环境治理现代化，赋予了公众更多的知情权、监督权和参与权，在党和政府的有力领导下，公众参与环境治理现代化的路径更为通畅、更为多元、更为有效。

新时代的环境治理现代化，给了公众参与更为广阔的舞台。然而，长期以来形成的固有的环境治理体系，还存在着不少制约性因素，其中一个非常突出的问题就是多元参与不够。就政府及相关部门层面而言，发展与保护这两张皮割裂的现象依然存在。就企业层面而言，社会责任意识不强，落实程度较差，环境成本外部化问题十分突出。就公众层面而言，信息公开、公众参与仍然不够，知情权、参与权、监督权未得到真正落实。

---

① 编辑部：《加快推进新时代生态环境质量能力现代化建设》，载《中国环境管理》2018 年第 5 期。

② 田章琪、杨斌等：《论生态环境治理体系与治理能力现代化之建构》，载《环境保护》2018 年第 12 期。

在现阶段，环境治理现代化需要政府的强有力参与，但要更加强调社会和公众的广泛而有效的参与，形成全社会最广泛参与的多中心治理，这既是政府生态治理能力现代化的必然取向，也是政府生态治理能力现代化的必由之路。① 新的时代，应该在全面审视厘清政府、企业、公众权责及其相互关系的基础上，主动公开政府和企业环境信息，推动公众行动型、监督型和决策型参与，推动绿色消费革命与公众参与的转型升级，形成多元共治、良性循环的国家环境治理体系，让公众在环境治理进程中有获得感和认同度。②

（2）环境治理现代化需要警惕和规范非理性的“公众参与”

要提升公众参与环境治理现代化的有效性，必须防止和化解非理性的环境公众参与及其带来的负面影响。由于种种原因，公众以各种制度外形式的抗议，作为他们环境诉求的现实性表达，这种非理性、非制度化的公众环境参与，最终导致政府、企业和社会三方的对立、冲突和共输。其中尤以环境群体性事件的影响最大。

为实现对环境群体性事件的有效治理，政府在做出存在风险的环境决策时，应具备在风险社会时代背景下的风险管理思维；政府在风险决策中应注意信息公开、信息交流和信息传播；加强环境决策的公众参与，丰富公众参与形式，让真实的民意得以通过多种正常途径表达并在决策中予以体现。③ 无论是在既成污染型环境群体性事件，还是预防风险型环境群体性事件中，对于事件的控制和应对，基层政府都在不同程度上表现出“被动性”和“人为性”。为此，当务之急是通过规范政府的行动立场，规范

① 张劲松：《去中心化：政府生态治理能力的现代化》，载《甘肃社会科学》2016 年第 1 期。

② 吴舜泽：《加快环境社会治理体系建设》，载《社会治理》2015 年第 3 期。

③ 李修棋：《为权利而斗争：环境群体性事件的多视角解读》，载《江西社会科学》2013 年第 11 期。

政府的生态补偿行为及干预事件的行政行为，规范环境利益受损方的维权行动，规范传统媒体与新媒体的舆论行为等方式，形成控制环境群体性事件的“制度化”和“法制化”支撑。应充分发挥“正范立行”的核心作用，避免环境群体性事件向暴力事件的演变，使对其控制尽可能地具有“可预期性”和“可调节性”。① 在对环境群体性事件根源分析与发展趋势研判的基础上，强调各主体协商参与环境群体性事件的预防治理，可以构建“政府＋公众＋第三方组织”的协商沟通平台，推动政府单向度环境整治转向“多元主体协商治理”，力求促成多元主体合作共治环境的良好局面。②

（三）新时代环境治理现代化中公众参与的功能分析

1. 促进环境民主在新时代的发展和创新

中国特色社会主义进入新时代，“人民对美好生活的向往”成为中国共产党领导人民接续奋斗的崇高目标。在人民日益增长的多层次美好需要中，更加真实、广泛的民主权利是其中主要的组成部分。中国共产党所追求的民主是人民民主，其实质和核心是人民当家作主。从这个意义上来说，引导公众通过有序政治参与积极参加管理国家的各项事务以不断提高公众的民主素质和能力，是人民创造更加美好生活的政治保障。同时，在现代社会中，人民主权是现代国家和政治的重要基石，人民参与和监督政府及其管治也是现代民主的题中应有之义。因此，公众参与环境治理现代化正是人民主权及其不断扩大的民主政治权利的现实需求和具体体现，也是社会主义民主政治的本质要求。

---

① 程启军：《环境群体性事件的后控：发挥“正范立行”的核心作用》，载《理论导刊》2017 年第 8 期。

② 卢春天、齐晓亮：《公众参与视域下的环境群体性事件治理机制研究》，载《理论探讨》2017 年第 5 期。

公众广泛参与环境治理现代化，是环境民主原则在新时代中国民主政治建设方面的重要体现，其本质是社会主义民主在环境治理领域的展开和发展。所谓环境民主原则，是指社会公众在生态环境管理以及其他相关事务中享有广泛的权利和义务。它是世界各国环境保护的通例，也是我国社会主义民主政治在环境保护、生态治理领域的充分延展。① 从理论渊源来讲，环境民主原则源于民主政治理论。民主政治理论对公众环境参与的阐释是，基于生态环境保护的非市场性和公益性特征，运用市场经济的办法解决生态环境问题是难以做到的。相应地，它逐渐地以一种国家或者政府的公共职责的理念被接纳，而这种公共职责的实施——从职权赋予到权力行使——必须接受人民主体的监督。② 对于公众来讲，环境民主既是权利，也是义务。这是因为，作为人的基本需求，环境状况的好坏直接影响着每个人的生活质量乃至生命健康，公众因此而成为生态环境治理工作中最为广泛的评价主体，这是公众民主权利的切实体现；同时，因为公众在价值偏好、利益诉求、行为方式等方面都存在着不同程度的差异，因此公众在参与管理环境事件及其相关事务时，又表现出共同而有区别的环境责任，这就意味着公众成了生态环境治理工作中的责任主体。有学者认为，公众参与环境治理的价值主要体现在三个方面：提高公众的环境保护意识、促进国家环境治理的民主化以及提升公众与政府之间的合作。③ 公众通过参与生态环境治理，可以在相当程度上实践社会正义、履行权利义务、实现民主保障，这是环境民主原则得以实现的最佳途径。同时，公众广泛参与

---

① 陈文斌、王晶：《多元环境治理体系中政府与公众有效互动研究》，载《理论探讨》2018 年第 5 期。

② 参见郇庆治：《推进环境保护公众参与深化生态文明体制改革》，载《环境保护》2013 年第 23 期。

③ 吕忠梅、张忠民：《环境公众参与制度完善的路径思考》，载《环境保护》2013 年第 2 期。

国家的生态环境治理，可以培养其作为公民的主体意识和政治素养，提升其参政议政的能力，实现“参与式赋权”。可以说，公众在参与国家环境事务的过程中得到了政治参与和环境治理参与双重权利的实现，从而有利于社会主义民主政治发展在生态文明建设领域的延展和深化。

公众广泛参与环境治理现代化，持续推进环境民主原则在新时代民主政治建设中的实践，还面临着不少困难和挑战，需要我们用发展的眼光、创新的思路予以解决。进入新时代，党和国家对生态环境治理体系和治理能力的现代化提出了更高的要求。鼓励和引导公众进行多样化的环境参与，不仅能够有效补充政府在环境治理方面的某些不足和短板，而且可以使公众通过切身的多样化参与增加对政府环境治理乃至更高层面的生态文明建设的理解和认同，不断促进政府与公众之间的良性互动，达到化解环境冲突、推进环境治理顺利进行、维护社会稳定的效果。从目前来看，推进环境治理体系和治理能力现代化，需要最大限度地将公众纳入到环境治理体系中，推动环境民主、强化公众环境权利的实施，否则不但会降低公众社会监督的有效性，更为重要的是，还将使公众感觉被排斥而增加对政府工作产生的不信任、猜疑与质疑，从而增加政府环境治理的行政成本，影响社会稳定的大局。从整体来看，当前我国的公众参与生态文明建设还不足，存在诸多问题。从制度内的环境信访、环境司法纠纷到非制度化、非理性的形形色色的所谓“参与”，还有数量众多的因为企业污染、经济利益、政府推诿或者邻避问题等复杂原因所引发环境群体性事件等，如果处理不好有激化、恶化的危险。这些既表明了公众参与环境治理现代化的极端重要性，也展现了公众参与生态文明建设的现实困境。究其根源，既有国家在制度设计和安排层面的问题，也与主体素质和参与能力等因素密切相关。

目前，我国公众参与生态文明建设存在两个最突出问题：其一，公民个体生态文明相关权益的法律保障问题，也就是如何通过生态文明的立法、执法和司法来切实保障公众个体的环境经济社会权益和民主政治权利。其二，公民的社会化组织、维权与民主参与问题，换言之，就是如何规范、鼓励和引导环境非政府组织向着健康有序的方向进行有序、有效的社会政治参与。要解决上述难题，一方面，我们要建设一个强权而负责的"生态文明国家"，强调党和政府按照法治中国、社会治理体制创新和加快生态文明制度建设的总体要求，不断推进国家环境治理体系和治理能力现代化进程，建立起顺应时代发展要求的"党委领导、政府负责、社会协同、公众参与"的环境综合治理大平台，将公众的环境权益更加制度化、规范化，使公民个体和集体的各种环境权益与权利得到更加明确的确认、尊重与维护。另一方面，各级政府要依据环境治理现代化建设的客观实际，更好地履行各项职责，采取切实有效的措施鼓励、引导公众尤其是环境非政府组织进行有序、合法的环境参与，更好地形成生态文明建设的重要推动力量。近年来，面对某些环境非政府组织的非制度性或非理性的参与，作为现有制度主渠道的地方政府缺乏积极回应的态度，也没有及时采取有效措施进行引导、疏解和规范，结果导致了一些本可避免的环境群体性事件的发生。① 可见，在新时代促进公众有序、有效、理性地参与生态文明建设，还要付出更多的智慧和努力。

2. 推动生态文明建设又好又快发展

在新时代，生态文明建设有了新的使命、新的任务和新的要求。能否激发社会各方面力量共商共建新时代生态文明，重要而又迫切。广泛而深入的公众参与，对于促进和推动生态文明建设向纵深发展发挥着重要作用。

其一，公众参与环境治理现代化，有助于培育公众的生态主体意识

---

① 参见张保伟：《公众环境参与的结构性困境及化解路径——基于协商民主理论的视角》，载《中国特色社会主义研究》2016 年第 4 期。郇庆治：《推进环境保护公众参与深化生态文明体制改革》，载《环境保护》2013 年第 23 期。

和生态责任感。从现实来看，公众参与环境治理现代化缺乏主动性、积极性和创造性，造成这种状况的重要原因之一，是公众远未成长为所谓的生态公民或者说生态新人，即具有鲜明的生态文明意识、积极致力于生态文明建设的人。在新时代的生态文明建设中，生态公民需要在生态实践中进行塑造，得以生成。公众广泛参与环境治理现代化，介入各种环境议题的讨论和分享中，实际上是建构了一个公众与政府协商对话的场域。为了能与政府进行平等、真实、有效的对话，更好地维护自身的环境权益，公众必须进行持续的学习和反思，从而促进了公民素质的提升、生态主体意识的生成。同时，通过与政府的协商共建，有助于公众更加关注个人利益与共同体利益的协调关系，更加关注环境治理现代化中个体利益、整体利益及未来利益的辩证统一，更加关注环境权益利益的持续实现，不断增强其主体意识、强化主体责任，鼓励其自觉践行生态文明建设。

其二，公众参与环境治理现代化，有助于优化生态文明建设的决策体系。生态文明建设的涵盖面非常广泛，是一项高度技术化、极度复杂性的伟大事业，需要全社会各个层面协同参与，形成共识。公众广泛参与生态文明建设，有助于将这种共识有效转化为具体实践的决策模式，引导不同社会主体共建生态文明。在具体的环境参与中，公众通过与包括政府在内的各个环境主体通过公开、平等、自由的讨论和对话，强调以公众价值为导向的问题意识和决策导向，有助于提升环境决策的科学化、民主化。通过理性、平等、审慎的有效参与，公众得以成为生态文明建设的决策主体，有利于广泛凝聚社会各界的智慧和力量，形成共商共建生态文明建设行动的责任共同体，不断优化新时代生态文明建设的决策体系。

其三，公众参与环境治理现代化，有助于各种环境社会冲突的化解与消除。当代中国处于社会转型期，利益格局的多元化、价值追求的多样化，引发了形式各样的环境群体性事件，不仅影响了社会的安定团结，也直接影响着生态文明建设的顺利推进。在这种情况下，理性、有序、制度化的公众参与，可以降低政府的行政成本，拓宽、畅通不同利益诉求进入决策程序的渠道，将民意有效融入政府的环境决策，实现政府与公众的良性互动，有助于各种环境社会冲突的化解与消除。作为理性解决环境群体性事件的重要选择，有序、制度化的公众参与可以促进环境治理非零和性为导向的制度创新，催生更具开放和具可操作性的社会冲突化解机制。这种决策模式，将更好地包容各方观点，避免环境事件陷入"忽视公众与一批准和实施项目—公众集体抗议—项目被迫取消"的怪圈，打破环境污染"大闹大解决、不闹不解决"的解决模式。[①]

其四，公众参与环境治理现代化，有助于多元主体合作治理机制的形成。理论上来讲，社会各主体多元共治、共商共建是环境治理现代化的关键。然而从现实来看，这种共商共建是也是我国环境治理现代化中最为薄弱的环节，是迫切需要解决的难题。环境治理现代化具有复杂性、风险性和公益性等显著特征，需要来自包括政府、市场、社会和公众的力量来共同建设。但是，由于企业生态保护的利益缺失导致市场失灵，个别地方政府偏颇的政绩观驱动导致政府失灵。在这种情况下，公众通过理性、有序的广泛参与，可以在相当程度上改变利益相关者的认知结构、具体诉求和价值偏好，促进它们之间的相互理解、相互合作、达成共识，推动生态文明建设的共商共建共享。公众通过搭建与企业、政府间理性沟通和对话的平台，有助于政府、企业、社会等多元主体的观点、诉求和意愿的相互沟通和民主协商，推进环境治理共商共建共享的多元主体合作治理机制的形成。这种理性、有效的参与，彰显了公众在环境治理现代化中的主体性和存在感，也有助于调动社会各界参与生态文明

---

① 张保伟、樊琳琳：《论生态文明建设与协商民主的协调发展》，载《河南师范大学学报》（哲学社会科学版）2018 年第 2 期。

建设的积极性。

其五，公众参与环境治理现代化，有助于“回应型”政府的建设，推动政府和公众的良性互动。在环境治理现代化的各环节和全过程，凡是与公众利益高度相关的议题，包括规划设计、决策制定、项目实施等各个环节，公众都有参与的权利、义务和机会。面对新时代环境治理现代化的新使命和新要求，为了能在日益多样化的利益诉求中寻求最大公约数，凝聚推进环境治理现代化的最大正能量，建设“回应型”政府是一个很好的尝试。所谓“回应型政府”，强调政府要对公众的利益诉求做出积极的反应，并采取有效措施以解决问题。回应性不仅体现为政府的施政行为，而且应体现为通过相应的制度安排，在政府政策及其治理措施的出台与公众对政策的接纳和反应之间形成通畅的沟通和交流，体现为政府与公众之间良性互动的政治过程。① 如何回应由于社会利益格局变化而引发的多元化利益诉求，是政府推进环境治理现代化必须正视并且提上议事日程的重要问题。为此，建构“回应型政府”，应该突出政府在及时回应社会环境关切和环境利益诉求方面的属性和功能，充分利用政府现有的政策制度资源，切实满足公众对于知情权、表达权、参与权、监督权的需求，推动政府和公众的良性互动，促进环境治理现代化又好又快发展。

3. 提供社会主义政治体制改革的有效场域

新时代的政治体制改革有双重目标：一是服务和保障市场经济建设和满足人们不断增长的权利保障和政治参与积极性的需要；二是反权力贪腐、反脱离群众、反形式主义、反官僚主义的需要。② 从改革开放 40

---

① 韩旭：《建设“回应型”政府：治理形式主义的一条政策思路》，载《人民论坛》2018 年 1 月 15 日。

② 陈红太：《十八大后中共执政的六大创新点》，载《中国特色社会主义研究》2013 年第 1 期。

多年来的历史经验看，在浩繁的政治体制改革的社会工程中，采用“试点推进”的策略非常必要。与自然科学和工程领域不同，社会领域尤其是政治领域的“顶层设计”，实践对象的重复性低而且难以进行实验，所以采用“试点推进”的方法既合理又实用。所谓“试点”，是用实践检验政策和理论是否正确的方法，可以避免风险，及时纠正错误。政治体制改革最忌一揽子方案，如果失误，很可能满盘皆输。通过试点，一般不会有大的错误，即使出现政策设计的失误，试点失败，也可以将风险、失误控制在改革试点的范围之内，避免出现更大范围甚至全局性、颠覆性的错误。[①] 从目前来看，生态环境领域的改革可以作为中国政治体制改革的“试点”。原因在于，相对而言，生态环境领域既得利益群体的改革阻力比较小，同时也是广大群众比较关注的重点领域。逐步完善生态环境立法，鼓励和引导公众广泛参与政府的环境治理，通过实行民主选举、民主决策、民主管理、民主监督，为我国的政治体制改革奠定更加坚实的群众基础。

其一，公众参与环境治理现代化，有助于健全和创新中国特色社会主义协商民主制度。党的十八大明确划定了中国政治体制改革的路线图，即在坚持完善基本制度的基础上，健全和创新中国特色的社会主义协商民主制度。健全协商民主，建立沟通对话机制，给各利益群体搭建平等对话、信息沟通、利益谈判的制度化平台，以缓和它们之间的矛盾。所谓协商民主，是20世纪60年代伴随着民主理论发展到“参与式”民主理论而逐渐兴起的，它是直接参与式民主在现代社会中的演变和发展。协商民主凸显了现代社会的多元性，尊重个体生活方式而非共同伦理，强调了公民以对话、协商为中心主动参与国家政治生活的重要性，主要是针对程序化

---

① 参见房宁、张茜：《中国政治体制改革的历程与逻辑》，载《文化纵横》2017年第6期。

的“票决式民主”的反思而提出的。习近平总书记指出，人们只有投票的权利而没有广泛参与的权利，人民只有在投票时被唤醒、投票后就进入休眠期，这样的民主是形式主义的。[①] 中国特色社会主义协商民主是社会主义民主的有益形式，是现阶段中国特色社会主义民主政治发展的方向和重点，它与选举政治不同，强调制定重大决策前在人民内部进行充分协商，尽可能协调和照顾到各方面利益诉求，有助于决策的民主化、科学化，有助于完善人民有序政治参与。换言之，作为与中国政治发展道路相适应的民主形态，中国特色社会主义协商民主是一元领导和多元参与有机统一的民主形式。通过不同民族、党派、界别、群体之间的平等协商来凝聚共识，既强调协商过程中意见的充分表达和权利的充分尊重，又强调意见的合理集中和利益的适当让步。正如习近平总书记所指出的那样：“在中国社会主义制度下，有事好商量，众人的事情由众人商量，找到全社会意愿和要求的最大公约数，是人民民主的真谛。”[②] 可见，中国特色社会主义协商民主的实质，就是在中国共产党的领导下，为人民群众参与公共政治和社会治理提供渠道和制度平台，更好地实现人民当家作主。在新时代的环境治理现代化过程中，经济社会发展转型的压力、生态环境保护的压力、各级政府官员政绩考核的压力空前加大，人民群众对美好生活环境的需求日益增加，各利益团体对生态环境的权益诉求也各不相同，这种情况下，由政府出面搭建协商平台，促进各方面平等协商，协调和照顾各方面利益诉求，最终找到各方面意愿和诉求的最大公约数，实现环境治理领域的有效沟通和民主协商。这样的协商民主，可以减少生态环境领域的矛盾冲突，扩大各方共识；可以提高环境民主的质量，将“服从多数”和“照顾

---

① 习近平：《在庆祝中国人民政治协商会议成立65周年大会上的讲话》，人民出版社2014年版，第14页。

② 习近平：《在庆祝中国人民政治协商会议成立65周年大会上的讲话》，人民出版社2014年版，第13页。

少数”有机统一起来；可以提升政府的环境决策效率，有效降低政府的政治成本。可以说，通过环境治理领域的协商民主实践，不仅有助于循序渐进地扩大和发展人民权利，也可以以较小的代价、较大的成就为中国特色社会主义协商民主制度的完善和创新进行有益、有效的“民主实验”，并在此过程中不断积累成功的经验。

其二，公众参与环境治理现代化，有助于推动建立和完善共商共建共享的国家治理模式。改革开放后，市场经济体制的确立导致社会事务日益繁杂，管理社会事务逐渐成为政府的重要职能。进入新时代，党和政府的执政理念开始发生重要的变化。党的十八届三中全会是新时代全面深化改革的重要节点，这次会议决定将“社会管理”改为“社会治理”；党的十九大进一步提出了“打造共建共治共享的社会治理格局”；党的二十大也提出“健全共建共治共享的社会治理制度，提升社会治理效能”。“社会管理”改为“社会治理”，虽然只有一字之差，但绝不是简单的文字游戏，而是党和国家重大的理念转变。社会治理的主体从单一转向多元，在政府公共权力机构之外，包括社会组织、社区组织、企事业单位和广大公众。进一步来说，“共建共享”“社会共治”“社会自治”已经成为新时代中国社会治理的理想目标。[①] 具体来说，公众参与环境治理现代化进程，对于推动建立共商共建共享的国家生态环境治理新模式，具有不可替代的重要作用。一方面，公众参与环境治理现代化，有助于推进国家生态环境治理结构的优化。目前我国的国家生态环境治理结构，是以党组织为主导的多元治理结构。虽然生态环境治理主体已经多元化，中国共产党的各级组织在所有治理主体中，才是最重要的。“党政军民学，东西南北中，党是领导一切的。”广大公众通过积极参与生态文明建设，不断增强参与国家环

① 参见俞可平：《中国的治理改革（1978—2018）》，载《武汉大学学报》（哲学社会科学版）2018 年第 3 期。

境治理的主体意识和责任感、使命感、荣誉感，不断增强参与国家环境治理的能力和经验，不断增强与政府的良性互动，从而助推“党委领导、政府负责、社会协同、公众参与”的国家生态环境治理结构的优化。另一方面，公众参与环境治理现代化，有助于推动全民共商共建共享的社会治理格局的进一步发展和完善。新时代的中国国家治理，强调国家治理的有效性与人民民主有机统一，强调在加强国家治理能力的同时，也要致力于人民的政治权利得到更加有效的保障，致力于人民的利益、要求和意志能够得到更加有效的实现，致力于国家治理能够真正按照人民对于美好生活的需要确立和运行，致力于中国特色社会主义政治发展能够切实贯彻以人民为中心的新发展理念。① 现阶段中国的民主政治领域，选举民主与协商民主处于政治过程的不同环节，都是现代民主政治不可或缺的基本要素。选举是授权环节的民主，主要解决权力的产生和委托问题；协商是决策环节的民主，主要解决权力的制约和公共参与的问题。② 在生态文明建设中，政府“权为民所用”和“权为民所谋”的执政理念主要通过民主协商得到实现。新时代的生态文明建设的各项任务不再是政府单方面的事务，而是政府与公民、社会共同的事务；政府不再是单一的治理主体，公民社会不再是被管理的客体而成为治理的主体；治理过程不再是自上而下的单向度管控，而是多元主体的平等协商与合作。③

综上可见，公众参与环境治理现代化进程，可以为我国的政治体制改革提供有效场域，在这个具有试点性质的场域中，公众参与为我国的政治

① 参见王浦劬：《习近平新时代中国特色社会主义政治发展思想辨析》，载《政治学研究》2018 年第 3 期。

② 俞可平：《中国的治理改革（1978—2018）》，载《武汉大学学报》（哲学社会科学版）2018 年第 3 期。

③ 参见周红云：《从社会管理走向社会治理：概念、逻辑、原则与路径》，载《团结》2014 年第 1 期。

体制改革选取一个可行的切入点。环境治理现代化进程中，公众参与的基础是公众的环境权利。从微观民主的视角来看，公众参与就是将公众的因素纳入环境治理现代化的决策中来，从而一方面为公众参与提供具体适宜的开展空间和着手领域，另一方面也可以为环境治理现代化提供民主的合法性基础。这种改革试验是在环境治理现代化的“小视域”、做我国政治体制改革的“大文章”；这个公众政治参与的“小改革”，在相当程度上决定了我国社会主义改革的“大方向”。可以说，这种改革的试验风险较小，而成功概率较大。在这个过程中所积累的经验教训，对于国家治理体系的构建和国家治理现代化的实现都会有一定的启发和借鉴意义。

第二章
我国环境治理现代化进程中公众参与的阶段划分与博弈模式

公众参与环境治理现代化的过程，具有明显的阶段性。在环境治理现代化的实践中，每一个完整的公众参与过程，即“政府—公众”之间围绕具体环境议题或者环境利益所展开的博弈过程，都可以分为公共事件、参与决策、决策落实三个具体阶段。从公众参与的主体来看，其基本角色是政府和公众，“政府—公众”博弈则构成了公众参与的主要内容。除了普通公民之外，公众力量还包括NGO、媒体等也对政府发生重要影响，直接或间接地参与到“政府—公众”的博弈之中，构成了“政府—公众”博弈模式。

一、有关公众参与阶段划分的相关研究

关于公众参与阶段划分的研究，国内外学术界有着丰硕的研究成果。1969年，谢里·阿恩斯坦（Sherry Arnstein）发表的《市民参与阶梯》（A Lader or Citizen Participation）的文章中对“公众参与”这一概念进行了系统的分析。她认为公众参与可以分为三个层次八种形式，即根据公众参与过程中主导或者发动参与的力量来源、公民对政务信息的知晓与把握程度、主要的参与手段、自治管理程度等标准，分为操纵、引导、告知、咨询、劝解、合作、授权、公众控制等8种形式，可以归纳为“无参与”（Nonparticipation）、“象征性的参与”（Tokenism）和实质性的“市民

权利”，也有学者将其概括为非实质参与形式（彻底的假参与）、表面参与、深层次的表面参与、深度参与（完全型参与）四个层次。[①] 理想的公众参与应介入到活动的各个主要阶段中，实行全过程的公众参与，而且公众参与介入的阶段越早，取得的效果就越好。[②] 作为最早建立公众参与机制的国家，美国的国家公园建设的公众参与涵盖了环境咨询、划分管理区与识别方案、编制规划、修改补充和审议发布决议等五个阶段，每个阶段都有非常系统的公众参与模式，发挥着十分重要的作用。[③] 法国的公众参与体制非常完善，包括公共调查程序、公众协商程序和公共辩论程序，其中公众协商程序应用范围最广，形式灵活最具多样性，其运作包括酝酿、准备、运作、后续四个阶段，并且在公众协商流程结束之后，采取有效的监督措施向公众及时实时公布项目进程以供公众监督。[④] 德国的公众参与分为初始公众参与和正式公众参与两个大的阶段，其中初始公众参与强调公众参与的时机、内容和时序，正式公众参与包括规划草案的公示、公众反馈意见的反复多次研究和处理，这个过程虽然繁复，但是兼顾到了社会效率和社会公平，因此付出这样的代价是完全合理的。[⑤] 秦天宝认为，风险社会背景下规避环境风险需要保证公众参与的全过程，即公众在预案、过程和末端三个环节都要积极参与，才能处理好科学与民主、专家与公众、政府与公众以及沟通与决策等四个方面的关系，从而确保环境风险的

---

① 参见贾西津主编：《中国公民参与：案例与模式》，社会科学文献出版社 2008 年版，第 245—262 页。

② 赵俊：《论我国环境法公众参与制度的缺陷及其完善》，载《环境科学与技术》2005 年第 28 期。

③ 王伟：《公众参与在美国国家公园规划中的应用》，载《中国环境管理干部学院学报》2018 年第 5 期。

④ 谭静斌：《法国城市规划公众参与程序指公众协商》，载《国际城市规划》2014 年第 4 期。

⑤ 殷成志：《德国城市建设中的公众参与》，载《城市问题》2005 年第 4 期。

有效化解。[1] 黄宁认为，构建公众参与环境管理机制，关键在于保证信息的充分公开、信息的充分交流和信息的有效反馈，为此需要建立健全公众在信息公开、信息交流、信息反馈的参与机制并使之不断具体化和可操作化。[2] 孙萍等认为，信息通讯技术的发展、公民意识的提升以及政府提升政策合法性的需要成为政府治理模式转变的推动力。在网络时代，"参与—协商"型治理模式成为必然选择。这一模式可以分为三个阶段：公众被动参与阶段、公众主动参与阶段、合作治理阶段。[3] 在我国环境治理实践中，也有很好的探索和试验，并取得了不错的效果。陈迎欣等基于有效决策模型提出公众参与自然灾害应急救助的主体，结合 4R 理论提出公众参与的途径，探讨了公众在预防阶段、准备阶段、响应阶段、恢复阶段参与自然灾害应急救助生命周期，并从有秩序性、理性、依法性和适度性四方面提出公众有序参与的评判标准。[4]《北京市大气污染防治条例》的制定过程包括议程设立、方案规划、方案抉择、政策合法化等四个阶段，其中北京市政府在前三个阶段积极吸纳、组织公众参与，效果明显。广西壮族自治区桂林市在"两江四湖"环境治理过程中，注重公众的需求，在问题界定、目标确认、方案设计与评估、组织实施和评估反馈等五个阶段实现了公众参与的系统化运作，取得了环境治理的巨大成功。[5]

---

① 秦天宝：《风险社会背景下环境风险项目决策机制研究》，载《中国高校社会科学》2015 年第 5 期。

② 黄宁：《公众参与环境管理机制的初步构建》，载《环境保护》2005 年第 12 期。

③ 孙萍、王秋菊：《网络时代中国政府治理模式的新思考："参与—协商"型治理模式》，载《求实》2012 年第 4 期。

④ 陈迎欣、张凯伦：《自然灾害应急救助的公众参与途径及有序参与评价标准》，载《防灾科技学院学报》2019 年第 2 期。

⑤ 杨梦璃：《公共政策制定中的公众参与——以〈北京市大气污染防治条例〉为例》，载《商》2015 年第 42 期；彭正波：《地方公共产品供给决策中的公众参与——以桂林市"两江四湖"工程为个案分析》，载《决策咨询通讯》2009 年第 1 期。

二、我国环境治理现代化进程中公众参与的阶段划分

对于公众来说，参与意味着有能力影响和参加影响他们生活的决策和行为；对于政府来说，参与就是所有公众的意见得到倾听和考虑，并最终以公开和透明的方式达成决议。作为制度化的公众参与，强调的是公共权力在进行立法、制定公共政策、决定公共事务或者进行公共治理时，由公共权力机构通过开放的途径获取公众和利益相关的组织或个人的信息，听取意见，并通过反馈互动对公共决策和治理行为产生影响，是公众通过直接与政府或者其他公共机构互动的方式决定公共事务和参与公共治理的过程。从实质上讲，公众参与是决策者和受决策影响的利益相关人双向沟通和协商对话，遵循“公开、互动、包容性、尊重民意”等基本原则。[①] 一般来说，公众参与包括从公共议题发起、政策方案讨论直至决策落实监督等诸多环节，贯穿于公共政策的不同阶段，形成一个完整的公众参与过程。在上述决策落实之后，又将引出新的公共需求，引发新一轮的公众政治参与，推动公共生活不断发展。从这个意义上来说，公众参与具有阶段性和螺旋上升的显著特征。

在环境治理现代化的实践中，每一个完整的公众政治参与过程，即“政府—公众”之间围绕具体环境议题或者环境利益所展开的博弈过程，都可以分为公共事件、参与决策、决策落实三个具体阶段。其逻辑起点是将某一环境事件中的公共利益加以展示，使其上升为公共事件，进入公众决策领域；接下来集合公众力量的同时推动政府回应，形成“表达—反馈—再表达—再反馈”的过程；最后公众以间接方式参与为主，在必要时回归直接参与，启动新一轮的环境政策过程。

---

① 参见蔡定剑主编：《公众参与风险社会的制度构建》，法律出版社 2009 年版，第 5 页。

（一）发起公共议题、引发公共事件阶段

从理论上来讲，公众参与的发起是通过主动设定某些公共议程以激发公众的利益认同，使其具备公共性而进入公共事件阶段；或者通过将某一事件中的公共利益加以展示，触发公众广泛的利益认同，使该事件超越孤立的个体范畴上升为公共事件、进入公共决策领域，引发政府重视进入公共议程，从而启动相应的公众政治参与的相关决策程序。在我国环境治理现代化的实践中，公众参与有两种发动形态：政府主导型的公众参与和公众推动型的公众参与。

1. 政府主导型参与。面对环境治理现代化进程中需要解决的重要问题，比如环境立法、环境规划、环境评估等，政府主动提出相关的公共议题，组织公众通过相应的渠道、遵照设定的程序进行参与。这样的公众参与，有真实的、效果明显的，政府和公众的合意性较强，比如有关环境立法的听证会、座谈会、民意调查、展示和咨询等，因为有共同或者相似的看法，都是为了推进生态文明法制建设走实走深，所以政府和公众的博弈结果往往是双赢。当然，如果一些地方只是为了过法律关，甚至通过程序把参与变为了操作的结果，没有动员、激发和用公众可达性的方法推动公众参与，当然不会有真正的公众参与。

2. 公众推动型参与。环境治理现代化进程中会出现很多关系公众利益的事件，比如核电站建设、垃圾场设选址、环境移民等，这些都会引发公众大量的关注、讨论，为了维护自身利益或者争取更好的利益补偿，公众会围绕这些事件提出公共议题，甚至将其聚焦为公共事件，从而启动了公众参与程序。就我国实际来看，公众推动型参与提出公共议题的方法主要有：提出环境决策方案或者法律专家建议稿，提起法律程序如行政诉讼，通过媒体进行报道、发表评论，提出公开质疑等。公众由于这些手段启动公众参与程序，其主要作用在于让某一事件上升为公共事件，进入公众视

野，引发社会关注，从而促成问题的解决。公众参与在这一阶段所发挥的作用主要体现在三个方面：一是披露事实，作为以后讨论的基础；二是发现和整合有关公共利益；三是推动政府开启正式的决策或治理程序。[①] 但是在实践中，公众提出的很多公共议题得不到政府的实质性回应，并不能成为有效的公众参与，而只是一些公众建议或者行动，并不能帮助公众实现其参与的目的。这种情况下，某些外来的要求和压力就成为推动政府开放公众参与的重要力量，这种自下而上、自外向内的力量倒逼开放公众参与，反映了我国公众参与开放得不够，还不能满足广大公众日益增强的公众参与的要求。这种压力型的公众参与并不是一种正常的公众参与，政府处于被动状态，对政府形象会造成不利影响。因此，需要进一步开放环境治理领域中的公众参与，并善于主导、引领公众参与的走势和方向，才能变被动压力型公众参与为主动型公众参与。[②]

（二）公众参与决策阶段

在环境治理现代化的实践中，无论是政府主导型还是公众推动型，公众参与程序启动之后，公众通过参与听证会、集体行动等多种制度渠道向政府表达利益诉求，政府则通过对公众所表达意见的反馈，寻求公共利益的最大化，控制事态朝着有序的方向发展，从而逐步形成“表达—反馈—再表达—再反馈”的过程，即利益博弈和谈判的过程。

在我国的政治体制中，参与式民主一般在地方政府和基层公共机构实行并发挥重要作用，它是一种法律秩序范围内的民主，不会影响到政权稳定。生态文明建设中广泛的公众参与能给政府决策和治理提供丰富的制度

① 王锡锌主编:《公众参与和中国新公共运动的兴起》，中国法制出版社 2008 年版，第 10 页。

② 参见蔡定剑主编:《公众参与风险社会的制度构建》，法律出版社 2009 年版，第 15—19 页。

资本，可以大为改善政府决策和治理状况，提高政府的合法性，更好体现“以人民为中心”的执政理念。因此，要使公众参与在生态文明建设中真正发挥作用，必须从法律上解决参与应作为政府决策和治理程序过程的刚性制度问题，必须保证公众参与、保证利害关系人的意见表达机会。在公众参与的决策阶段，公众与政府之间围绕具体环境议题展开博弈。在这个博弈过程中，公众的意见表达、政府的政策反馈，构成了公众参与“表达—反馈”的机制，究其实质，它是中国特色协商民主制度在生态文明建设中的具体阐释和生动体现。一般来说，要使这个民主协商的决策过程取得理想结果，需要满足以下条件：

1. 在公众参与决策的过程中，公众参与主体具有广泛性。公众参与政府环境决策，单靠一种力量很难完成使命，往往需要靠多种合力的共同作用才能达到预期效果，这就要求所有利益相关方都应该参与到谈判和协商之中，都有机会表达自己的利益诉求和观点，这是协商参与包容性原则的现实体现。在生态文明建设中，公众参与一般是由某个学者或者公民发起，律师或者权威专家参与支持，各种媒体或者网络展开密集的报道、传播以扩大信息的覆盖面和影响力，从而引起政府的高度重视。在推动公众参与的多种力量中，媒体发挥着重要的甚至是关键性的作用，“媒体驱动”公众参与的特点非常鲜明。所谓“媒体驱动”，是指媒体不仅是公众参与的必要条件，而且其所担负的功能也不止于沟通。没有媒体以连续、密集的报道和评论进行介入，公众提出的议题很难成为地区性乃至全国性的“公共事件”；没有媒体的关注、呈现、传播以及加温，公众提出的议题也难以成为地区性乃至全国性的“公共议题”。[①] 失去了具有社会关注度的“公共事件”或者“公共议题”，公众参与也就不复存在，更遑论公众参与决

① 参见蔡定剑主编：《公众参与风险社会的制度构建》，法律出版社 2009 年版，第 16—17 页。

策并取得理想的效果了。

2. 在公众参与决策的过程中，参与各方都要遵守共同的协商规则。参与各方就某一公共议题进行的协商或谈判必须遵循共同的规则，同时要求这一规则是各方在信息充分、非强制性的情况下达成的，正如哈贝马斯所提出的主要商谈原则，即“某规范只有得到那些参与商谈、并受此规范影响的所有人的认可时，才可以被称为是有效的规范”。如果规则没有得到参与各方的普遍认可，则构成了一种“排斥”，一是“明确的排斥”，即规则明确规定某些公众不能参与决策，它是具有违法性质的、违背包容性原则；二是“隐形的排斥”，它虽然没有直接地排斥，但是由于规则对某些实质性条款的限制或者某些不可避免的事实，致使某些公众实际上被不公平地对待而失去了参与决策的机会。① 实践中，这种参与“排斥”往往是针对那些参与能力较强的公众，或者是因为政府并没有做好让公众进行实质性参与的准备、迫于形势不得不启动公众参与程序，或者是这种公众参与偏离了政府主导的方向，而且不会取得政府所希望的结果。因此，化解这种“排斥”的最好办法就是推动中国特色的民主政治进程，在稳健的改革中实现真正意义上的公众参与。

3. 在公众参与决策的过程中，相关信息要具有公开性、透明性。公众参与决策过程中的“公开性”，是指公民和官员为了证明各种政治行为的正当性而给出的各种理由，评价这些理由所必需的信息，都应该公之于众。这就要求，在整个协商过程中，所有参与方都应该知晓协商规则和协商程序，否则有可能被熟悉规则和程序的参与方所支配从而导致其协商的失败；所有参与方都应知晓与协商议题相关的信息，否则掌握和熟知信息的参与方就会支配整个协商过程，从其他参与方则因为信息不对称导

① 常健、许尧主编：《公共冲突管理评论》，南开大学出版社 2018 年版，第 283—285 页。

致协商过程的不平等；反对公开性的参与方必须冒着一种道德风险，即必须假定公民能力不如官员而且官员更加值得信任，这种假定无疑是值得怀疑的。[①] 与之相反，协商信息的公开性要求所有参与方都是自主主体和理性主体，都应该掌握公共议题协商与决策的相关信息，这种道德假定推导的结果，必然是确保协商信息的公开性和透明性。在环境治理现代化进程中，信息公开是公众参与的基本前提条件，也是政府进行合理决策的第一步。政府的信息公开不应是其单方面的统一意见的工具和手段，而应该是获取公众认同、促进民主决策的重要环节和途径。信息公开的过程应尽可能提前，公开的信息应该尽量完整、客观和全面，让公众能够充分了解公共议题的相关情况，从而为其理性、有序地参与决策奠定坚实的基础，同时也增强公众对政府的认可度、信任度。

4. 在公众参与决策的过程中，参与各方表达方式具有多样性。在社会生活中，由于文化和结构性的社会地位不同所造成的诸如种族、性别、阶层、群体等差异，往往成为引发冲突的诱因，并在事实上深刻影响着各参与方就公共议题协商的公正性，这就是"民主交往中的差异"[②]。比如，在相关公共议题的协商和沟通中，由于语言、知识、信息等方面的不足致使某些参与方处于劣势地位，在这种情况下不能讲规则和法规，而应该允许更多的、适宜的讨论方式和意见表达方式，甚至为这些弱势的参与方提供协商代表或法律代理人的帮助。为此，一方面，应不断完善公众参与的渠道，构建多元化的参与途径，并使参与机制逐渐制度化和规范化，明确关于公共议题的决策必须关注利益相关方的充分参与和沟通，保护公众参与的热

① ［美］阿米·古特曼、丹尼斯·汤普森：《民主与分歧》，杨立峰等译，东方出版社 2007 年版，第 107—109 页。

② ［美］参见爱丽丝·扬：《作为民主交往资源的差异》，载詹姆斯·博曼、威廉·雷吉主编：《协商民主：论理性与政治》，陈家刚等译，中央编译出版社 2006 年版，第 284—303 页。

情和积极性；另一方面，应该向公众充分赋权，帮助他们具备有效参与的相关知识和能力，否则，缺乏参与能力的公众参与很难形成政府和公众间的良好沟通和协商，不仅增加决策成本，也难以获得理想的政策效果。

5. 在公众参与决策的过程中，要避免参与决策的公众被操纵。在关于公共议题的协商和谈判过程中，由于各参与方力量的不均衡，在资源、权力、地位、知识或者信息等方面占据优势的参与方，很容易出现强势一方利用优势影响甚至裹挟其他参与方，致使其他参与决策的公众被操纵从而偏离协商的公正公平。这种情况表现在：一是强势一方利用其权力、地位和资源优势等，对其他参与方进行明确的"威胁"或者"胁迫"，使他们不能或者不敢表达自己真实的意见，只能按照已经安排好的程序、内容和方式参与公共议题，这种仅具有象征性意义或者作秀的"假参与"，实质上是剥夺了其他参与方对公共议题的知情权、决策权和监督权；二是占据强势的一方借助其资源优势，通过"承诺"或者"诱导"的方式影响，使其他参与方在预期利益或者"不当利益"的诱惑下放弃参与决策的初衷，仅仅满足于自己的既得利益而置公共利益于不顾，这种具有"收买"性质的协商和谈判，自然无法达到公众参与的预期目的，从而导致参与的失败。在实践中，要避免上述强势一方操纵弱势参与方的情况出现，需要制定严格的公众参与的法规制度并严格执行，同时要对各参与方做好教育和培训，提高其作为参与主体的意识，增强其参与公共决策的意愿、能力和相关知识储备。这样，经过公众和政府的良好沟通和协商，就设定的公共议题达成共识，促进公共决策的形成。

（三）公共决策落实阶段

通过前述两个阶段，在本阶段政府将制定好的公共决策—公众与政府博弈的产物，加以落实。这些公共政策因得到公众最大限度的认同和接受，所以执行起来较为顺畅；同时，由于这些公共政策调节了不同社会群体的多元利益诉求，从而使公共利益最大化而使公众得到更多的实惠与获得感。[①] 如果公众与政府通过博弈，并未达成较好的令双方满意的效果，则其中一方或双方会中断合作形成对抗、抑或开启新的一轮博弈进程寻求问题的最终解决。

判断公众参与公共政策的效果是否达到预期目的，是否需要再次启动公众参与的三阶段过程，关键标准在于公众参与的有效性。公众参与公共议题的决策，必须拥有充分的、实质性的参与机会，应该足以影响决策内容，而非形式的、陪衬式的假参与，这是衡量公众参与有效性的核心环节。总体来说，利益各相关方通过各种方式参与到公共议题的决策过程中，能够充分表达自己的意见，切实反映和维护自己的利益，能够使公共决策者对各参与方的利益诉求和矛盾焦点有更准确把握，以便在最终的决策中达到各方利益的合理平衡，实现政策制定的公正性。这种有效性，不是由政府的判断决定，而是要通过作为参与者的公众和社会成员的感受来确认。如果公众不认可，那么这个参与过程就有可能被重启，直至通过反复的博弈最终达成共识。有学者构建了一个衡量公众参与有效性的评估框架，它包括六条标准：参与者有广泛的代表性；参与过程应该是公正、有成本效益和灵活的；参与者有助于公众对法规的了解；参与应当赋予公民权利并影响政策制定结果；参与者应当有助于决策质量的提高；参与者应当能从结果中获得一定程度的满意度，从而导致持续的参与。其中透明度、参与代表性、成本效益和问责效率四条标准具有更为重要的衡量价值。

1. 参与的透明度。决策的透明公开，不仅可以有效监督公共议题决策者的行为，也可以促进参与各方在公共议题决策阶段的沟通和了解，有助

---

① 参见王锡锌：《公民参与和中国新型公共运动的兴起》，中国法制出版社 2008 年版，第 15—18 页。

于共识的达成，促使决策过程更加规范，提高决策的合法性，从而更易于得到各参与方的理解和支持，也降低了执行成本。如果政府不从程序设计、参与渠道、信息披露等各方面增加透明度，参与公众内心的不平衡感、不信任感、不合作感就会逐渐增强，政府的公信力就会逐渐下降，这种条件下的公众参与就会成为“走秀”，参与决策的公众就会缺乏获得感和成就感，最终会影响到决策的可信度和可执行度。

2. 参与的代表性。在围绕公共议题所展开的博弈中，必然会涉及各种利益关系，在各种利益关系交织冲突的面前，即使所谓的公众利益，也难以涵盖所有的不同利益的团体。因此，在制度建设中公平建立听取和处理不同利益诉求的机制就格外重要。衡量参与代表性，其重要标准就是各利益相关方是否得到应有的参与机会，这会影响到决策制定过程中政府和非政府部门的协调、不同利益团体和广大公众的平衡效果，它是公众参与决策程度的一项重要评价指标。在这个过程中，政府因其作为公共利益实现者和维护者的身份而不能置身事外，必须有所作为，它必须从实现公共利益的角度让各类有代表性的参与主体参与的公共议题的决策中来，充分听取、吸收和平衡处理参与公众的代表性意见，化解各类诉求和矛盾，保证公众参与所做的决策得到落实。目前来看，生态文明建设中公众参与的代表性有待提高，公众个人的参与面有待扩大，参与程度有待加强。公众代表的参政能力有待提高，部分专家学者的社会责任心有待正位。①

3. 参与的成本效益分析。公众参与公共议题的决策过程，都要付出相应的时间、精力、金钱等代价，参与决策效果的好坏，不仅会影响到成本效益的状况，也会影响公众参与的热情、政府公信力以及参与的可

---

① 参见蔡定剑主编：《公众参与风险社会的制度构建》，法律出版社 2009 年版，第 100—105、170—174 页。

持续性。考察参与的成本效益情况，可以从公众和政府两个方面展开。一方面，对于公众而言，参与会投入成本，其目的是获得收益或者效用。作为理性的“经济人”，公众倾向于选择边际收益大于边际成本条件下的参与行为。目前，我国公众参与的法制保障和制度支持相对不足，很多公共议题的技术含量又很高，使得公众参与的时间、精力成本较高，收益却具有不确定性；公众参与的效果主要受制于政府的价值取向、态度、投入和程序设计等公众意见的采纳较少，知情权、参与权、监督权很多时候难以得到保障；政府缺乏实质性的奖励措施，使得被采纳建议的公众缺乏持续参与的动力和热情，“参与—反馈—再参与”良性循环的参与机制很难建立起来，公众参与的持续性、互动性没有得到应有的鼓励。另一方面，对于政府而言，其衡量公众参与成效的重要依据也是成本效益情况，即比较自身在组织、实施公众参与中的成本与收益，形成对公众参与效果的评价。对于效益的考察主要集中在对问卷、走访调查等方面所搜集信息的广泛性和代表性，缺乏对公众参与过程的合法性、决策的合理性、公众满意度和获得感等方面的可操作性评价；对于成本的考察关注调查（包括问卷、统计、信息收集等）的投入、各种座谈会听证会等的组织成本、时间成本、各级领导的精力投入与工作人员的高负荷劳动等，相对较高的成本投入在一定程度上阻碍了公众参与的制度化、规范化、常态化发展。可见，无论是从公众还是政府层面来看，公众参与的成本较高收益较低，致使公众参与的程度低、参与热情不高。如果不能很好地、较快地解决这个问题，公众参与的有效性就难以提高，成功的公众参与将很难完成。

4. 参与的问责效率。公众参与实质是社会、政治和经济利益的反映，从一定意义上来说，其实就是社会财富的调整再分配的过程。由于历史和现实诸多因素的制约，我国生态文明建设中相关公共议题的民主决策还有待进一步落到实处，问责机制、监督机制尚不够健全，决策的形成还不太容易做到以公共利益最优为准则。这种情况下，为了确保公众参与的顺利进行并取得较好的效果，就必须监督和制约政府手中的权力，如果不建立健全对政府的有效的监督和问责机制，公众的参与热情就会逐渐消失，政府的公信力就会受到质疑。只有发动、鼓励、引导和规范有序的公众参与，才能最终制定符合实际情况的决策，也只有在公众的监督下才能得到有效执行，取得良好的效果。维护社会公平和正义、追求社会民主、实现人民对美好生活的向往，应该成为公众参与各方所秉持的永恒精神。

从目前的情况来看，公众参与在我国环境治理现代化进程中尚处于初始阶段。近年来，公共事务领域尤其是环境保护中对公众参与的法律强制性逐渐增强，政府的重视程度有所提高但还是不够。从一定意义上来说，发展我国公众参与主要还是教育官员，提高他们对参与式民主的认识和重视。更重要的是通过生态文明建设中公众参与的改革试验，让官员们真正感受到公众参与的好处，使他们真正有动力推动公众参与。①

三、我国环境治理现代化进程中公众参与“政府—公众”博弈模式

在现代民主政治中，公众广泛而深入的参与是实现政治民主化的必由之路。从公众参与的主体来看，其基本角色是政府和公众，“政府—公众”博弈则构成了公众参与的主要内容。除了普通公民之外，公众力量还包括NGO、媒体等也对政府发生重要影响，直接或间接地参与到“政府—公众”的博弈之中，构成了“政府—公众”博弈模式。

① 参见蔡定剑主编：《公众参与风险社会的制度构建》，法律出版社2009年版，第17—18页。

（一）何为博弈？

1. 博弈的含义

所谓博弈，就是力量和智慧的较量。博弈包括参与人、行为、信息、战略、支付函数、结果、均衡等要素。其中，参与人是指博弈中选择行动以使自身利益最大化的决策主体，政府和公众是主要的参与人，公众包括公民、NGO、有影响力的专家、媒体等；信息是指参与人在博弈过程中的知识，尤其是有关其他参与人的特征和行动的知识，信息的透明度、公开性以及拥有信息的多少、质量等，决定着各参与人博弈的结果；支付函数是指参与人从博弈中获得的效用水平，它是所有参与人战略或行动的函数，参与人非常关注，尤其在大数据广泛应用的当代，其对各方参与人行为偏好、行事风格、路径选择、理性预期等的分析和预判，在博弈过程中显得更为重要；均衡是所有参与人的最优战略或者行动的组合，这是博弈所能达到的理想结果，当然，由于多种因素的制约，这样的均衡很难出现，取而代之的是各参与方依据其实力妥协让步的实际结果。

2. 博弈的分类

按照不同的标准，博弈可以分为以下三类：其一，合作性博弈和非合作性博弈。合作性博弈是一种非零和的博弈，其结果可能是双赢或者多赢的局面，表现为参与方从自己的利益出发与其他参与方通过谈判达成合作性协议；非合作性博弈是一种零和博弈，其结果可能是一方、双方或者多方的非赢即输的局面，其表现为各参与方在行动选择时无法达成具有约束性的协议。其二，静态博弈和动态博弈。静态博弈是指参与各方同时采取行动，或者尽管行动有先后顺序但后行动方并不知道先行动方采取了何种行动，还是同一起跑线上的博弈，没有实质上的先后顺序，先行动方没有先发优势，后行动者也没有信息上或者策略上的后发优势；动态博弈则是指各参与方的行动有先后顺序，并且后行动方知道先行动方所采取的行动，占有一定的后发优势，从而对先行动方不利。其三，完全信息博弈和不完全信息博弈。完全信息博弈是指参与方对所有其他参与方的策略空间和策略组合下的支付完全了解，这种博弈是所有参与方在完全透明、公开条件下对公共知识的博弈，这对于各参与方的知识、策略、能力的相对公平的考核和比较；不完全信息博弈是指参与方只是使自己的期望支付或预期效用最大化①，这种博弈则是各参与方仅仅考虑自身利益最大化所做出的行动，带有一定的盲目性和冲动。

3. 博弈的原因

围绕一定的公共议题，不同的利益相关方都会根据自身的利益诉求参加公共政策的制定过程，展开博弈。实践中，公众总是分为不同的阶层、不同的社会组织或者社会集团，他们的利益诉求也因此而有区别。即使在同一阶层、组织或者集团内部，公众也可能有不同的利益诉求。因此，在公共议题的决策过程中，参与博弈各方就会展现出合作与竞争、一致与分歧，这既符合经济社会发展的规律，也是公众政治参与、政策参与内在的机理和线索。在环境治理现代化实践中，利益博弈是贯穿在党和政府大多数的政策活动之中，都是不同利益相关方进行意见表达和利益博弈的过程。这些利益诉求和意见表达之间可能存在以下三种联系：互补共赢、相斥零和、各不相干。这几种关系又由于对政策问题本质的采认、对公众利益的认定而变得越发复杂。不同的部门和层级都有自己的局部的利益诉求、意见和看法。同时，公民社会和政府的关系始终处于变动和调整的过程之中，此一时彼一时，以往的共识和一致很可能就变成明天的分歧和矛盾。②

---

①　参见李金河、徐锋：《当代中国公众政治参与和决策科学化》，人民出版社2009年版，第62—63页。

②　参见李金河、徐锋：《当代中国公众政治参与和决策科学化》，人民出版社2009年版，第60—62页。

4. 博弈的结果

一般来说，博弈的结果是最终的均衡，公共政策的活动最终也要形成决策结果。公共政策的决策过程是一个复杂系统，诸多利益相关方围绕共同关心的议题展开博弈，其目的是各自利益的最大化。由于各自拥有的资源不同，参与方对公共议题最终达成的决策所施加的影响也各不相同，但是从决策结果形成的趋势来看，作为博弈的公共政策活动应该就利益问题达成各方都能接受的具有底线性质的结果。否则，不仅是博弈过程中获益较多的参与方，还是获益较少的参与方，抑或是全部的参与方，都可能因此而遭受程度不同的现实代价或者战略上的损失。在实际的公共政策决策过程中，各参与方达成共识，其实质是各方利益暂时的整合，事实上这种整合并不随着决策的作出而结束，从一定意义上来说，它其实开启了新的决策过程的起点。

（二）“政府—公众”博弈模式的主要环节

1. 认定公共议题的性质

公众和政府围绕某个公共议题展开博弈，其实质就是利益诉求的整合，也是解决矛盾的过程。对于同一个公共议题或者需要解决的矛盾，不同阶层、群体的公众会有不同的理解，来自党和政府内部不同部门和层级或地方的领导干部也会有不同的看法。整合这些参与方的不同利益诉求，从而最终解决矛盾，是博弈均衡的表现。事实上，仅仅是各参与方认定需要解决的矛盾所在，本身就是非常难以达成共识的难题。从公共议题的性质认定开始，一些极为复杂的结构性政策博弈往往从开始就陷入了分歧和争吵之中，就决定了整个利益博弈过程的复杂与艰辛。因此，协调各参与方就需要解决的矛盾达成共识，形成各方都认同的公共议题，是各方为实现利益最大化展开博弈的逻辑起点。各方对矛盾把握越精准，博弈就会越顺利，各方付出的参与成本就越低，将来达成共识形成决策的可能性就越大，反之，整个博弈过程很可能无果而终。

2. 设定公共议题的规则，达成共识

各参与方就公共议题的性质认定之后，博弈就进入了规则制定即政策规划的阶段。在我国，公共政策形成一般是这样的程序：针对已经形成共识的公共议题或者需要解决的矛盾，研究可行的对策方法，制定最能满足、协调各决策参与方利益诉求的政策方案，并为这些方案最终进入相关部门议决做好相应准备。换言之，政府部门为解决公共议题而制定的相应的规则和制度，就是政府所制定的政策方案，它们具有强制性和约束力。实践中，政策方案设计得合理与否，会直接影响到利益分配的格局、相关政策主体和客体的利益，因此，各利益相关的参与方会通过各种方式和手段，争取主导或者影响政策的规划设计，从而影响政策方案的制订以维护自身的利益最大化。

3. 执行公共决策

各参与方就公共议题的政策规划完成，即各方就公共议题如何处理达成共识之后，博弈进入执行阶段。所谓政策执行，就是一种将政策付诸实施的各项活动，包括解释、组织和施用等环节。实践中，怎样来解读政策、由谁负责具体落实政策，以及政策施行所必需的人财物是否充足，都关系到政策执行的效率和成败。因此，在这个阶段，各参与方基于不同的利益诉求和相关考虑，依然存在激烈的博弈。在具体的生态文明建设实践中，政府不同部门和层级之间、政府与公众之间、政府与不同的利益集团之间以及利益集团与公众之间，都普遍存在权力和利益的博弈，而且在这些博弈中，有显性规则和隐性规则之分。一般来说，公认的显规则有利于社会的公共利益和整体利益，潜规则则能够满足少数群体或者个人的利益诉求。对于广大公众而言，因为无法承担潜规则所通行的高昂成本，更多的显规则、更少的潜规则无疑更符合他们的利益要求。然而，对于博弈中有巨大的资源优势的利益集团来说，则更倾向于利用潜规则谋取其利益。因此，面对来各参与方在政策执行中的利益博弈所带来的种种挑战，就需要政府在政策解释、组织和施用等方面开展更加卓有成效的工作。

4. 对公共决策的反馈与调整

政府付诸执行所带来的种种后果，是否达到博弈的预期目的，实现博弈均衡？由此进入对博弈结果的评估、反馈和调整的阶段。评估强调的是对公共议题决策从投入、产出、效能到影响的全过程评价，其目的是完整掌握决策结果的运行状况以及对后续政策延续的持续、修正或者终止提供经验支持；反思是各参与方在对决策进行评估的基础上，进一步考察指导政策制定的理论、理念是否与实践要求相一致，决策是否解决了各参与方所聚焦的核心矛盾，是否从根本上增强了公共利益，是否满足了各参与方的基本利益诉求从而得到它们的进一步支持，以在此基础上总结经验教训，为今后的公共议题决策提供更好的博弈方式；政策调整则是根据决策实施的具体情况，对现有决策的性质、重点、手段、方向、效果、力度、步骤等加以修正、改变和完善，从形式上看，这种调整类似于政策制定的过程，但其实质还是在既有基础上继续解决相同的政策问题。通过政策的反思和调整，在启动新一轮利益博弈的同时，形成相关利益主体相对平等的谈判与再谈判的机制，在此基础上形成更加理性、良性的政策纠错机制，这是未来一段时期我国党和政府促进决策科学化、民主化的重点，同时也是党和政府未来以治理和善治为导向的政治改革、政治发展的内在要求。①

对于政府而言，因其在博弈过程中也有自己的利益诉求，因此其利益取舍和政策倾向性极为关键，其作出的理性的评估和反思非常必要。

---

①　参见李金河、徐锋：《当代中国公众政治参与和决策科学化》，人民出版社2009年版，第67—75页。

因为政府是公权力的代言人，它对决策的判断应该与最大多数的公众相协调，与最广大人民群众的根本利益相连接。对于政府而言，利益博弈很难使结构复杂的决策问题得到最优化的解决，也不可能兼顾到方方面面参与者的最大化利益。这种情况下，政府更为明智的选择是，尽力避免自己成为唯一的决策活动主体，特别是不能作为唯一的政策评价和反思、调整的主体，而是应当在博弈中慎重选择合作的对象，那就是代表最广大公众的根本利益，制定符合最大多数人民群众利益诉求的公共政策，从而不断巩固和提高党和政府执政的合法性，不断增强人民群众的满意度和获得感。

第三章
我国环境治理现代化中的有序公众参与

鼓励公众通过制度化的途径进行有序公众参与，是推进我国环境治理现代化顺利发展的题中应有之义。从现阶段来看，公众有序参与环境治理现代化的主要途径是有序参与环境立法、环境决策和环境执法，实现其环境权利。

一、环境立法中的有序公众参与

环境法是综合反映国家经济、社会、生态、文化、道德等方面因素的法律制度，涉及范围大、领域广。环境立法公众参与是公众在环境立法过程中的参与，表现为社会公众积极、有序、有效地参与环境立法，是实现环境决策民主化、提升立法质量、实现环境正义的必然要求。我国环境立法公众参与制度，综合体现在《立法法》《行政法规制定程序条例》《环境保护法》《环境保护公众参与办法》《环境保护法规制定程序办法》《国务院法制办公室关于进一步提高政府立法工作公众参与程度有关事项的通知》等法律法规中。

（一）环境立法规划阶段的有序公众参与

“立法规划”制度是预先规划未来一定时期内立法项目的制度，是实现立法工作科学化、规范化的需要。《环境保护法规制定程序办法》规定，国家环保部门的年度立法工作依据于每年年初编制，纳入立法计划的范围是“环境保护部门规章”之外的其他环境立法。

1. 公开征集环境立法项目

向社会公开征集环境立法项目，把公众反映集中的突出问题纳入立法规划或公众计划，是一项行之有效的好办法。公开征集环境立法项目，在立法准备阶段就将公众参与纳入其中，听取公众的合理化建议和意见，可以在很大程度上克服相关信息缺乏、起草立法途径单一等不足，有利于在立法时及早发现并解决问题、更好回应公众需求，提高立法质量。征集长期立法规划项目、五年立法规划项目和年度立法规划项目，是政府向社会公开征集环境立法项目建议的主要方式。在这个阶段，为公众有序参与环境立法提供了制度性条件。

2. 环境立法信息公告

所谓环境立法信息公告，就是指环境立法机关将政府在未来一定时期内的立法计划、工作安排向社会和公众公开，使公众及时了解环境立法信息并进行关注和监督，是公众知情权、监督权、参与权的具体体现。环境立法信息公开，既为各级和环保部门进行相关环境立法活动提供了具体指导，又为社会公众提供了有序参与的正常渠道，是提升公众环境参与热情、参与能力的良好平台。

（二）环境立法草案制定阶段的有序公众参与

《行政法规制定程序条例》规定，行政法规在起草阶段“应当广泛听取有关机关、组织和公民的意见。听取意见可以采取召开座谈会、论证会、听证会等多种形式”，并且行政法规的“送审稿”的“说明”部分“应当包括”“征求有关机关、组织和公民意见的情况”。《环境保护法规制定程序办法》规定，起草环境保护法规，应当“广泛听取有关机关、组织和公民的意见”；听取意见方式包括“召开讨论会、专家论证会、部门协调会、企业代表座谈会、听证会等多种形式”。同时，该法对“直接涉及公民、法人或者其他组织切身利益”或“影响贸易和投资”的环境保护法规等规定了可以“公布征求意见稿，公开征求意见”。可见，公众参与在环境立法草案制定阶段是必经程序，方式较多且比较灵活。

1. 环境立法听证中的有序公众参与

政府在制定、修改与公众权益有关的法案时，应当听取各利益相关方、社会公众及专家的意见并将其作为立法依据或参考，这就是环境立法听证制度。该制度的精髓在于以形式正义来保证实质正义，以程序公平来保证结果公平，从而体现民主政治的基本价值。[①] 环境立法听证，分为听证准备阶段、听证举行阶段和听证后处理阶段三个阶段，公众都可以参与其中并发挥重要作用。在环境立法听证准备阶段，人大常委会或政府以公告的形式将听证目的、时间、地点、参加人数、报名办法等在当地主要媒体上发布，接受报名并确定听证参加人，包括听证人、主持人、陈述人以及一定数量的旁听人。在环境立法听证举行阶段，陈述人应当围绕听证的内容陈述自己的观点和意见，表明态度；主持人对陈述人偏离听证内容的发言应予制止，如条件允许，可安排各方陈述人就有关内容及争议进行辩论，陈述人发言结束后，由主持人对听证会进行总结。在环境立法听证后处理阶段，应做好听证记录。陈述人可以查阅记录，修改本人发言记录；根据听证记录，由主持人负责，经听证人合议，制作听证报告并提交人大常委会或政府办公会议。听证报告内容包括听证会的基本情况、听证陈述人的基本观点、论据及争论的问题、听证人的意见和建议等。[②]

---

① 程元元:《立法的公众参与研究》，载《重庆工商大学学报》2005 年第 3 期。

② 参见蔡定剑:《公众参与：风险社会的制度建设》，法律出版社 2009 年版，第 34—37 页。

2. 公布“环境立法征求意见稿”，公开征求公众意见

环境立法征求意见稿是立法活动中重要的公众参与方式，可以使公众在基本了解法律草案的情况下进行立法参与，针对性更强、有效性更高。《环境保护法规制定程序办法》第 12 条规定，负责起草工作的司（办、局）可以根据环境保护法规征求意见稿内容所涉及的范围，征求有关地方人民政府、省级以下环境保护部门、有代表性的企业和公民的意见。第 13 条规定，环境保护法规直接涉及公民、法人或者其他组织切身利益的，可以公布征求意见稿，公开征求意见。环境保护法规的征求意见稿，一般在《中国环境报》和环保部网站等媒体公布。国家环保部官方网站专设“法规征求意见”一栏，公布征求意见稿，并向社会公众征集意见。征求意见期满后，负责起草工作的司（办、局）根据征求的意见，对征求意见稿及其说明进行修改，形成环境保护法规草案送审稿及其说明，应当包括立法必要性、起草过程、主要制度和措施的说明、征求意见情况以及未采纳意见的处理情况等内容。

3. 举行论证会、座谈会等，征求公众意见

在环境立法阶段，立法机关根据实际情况，邀请高等院校、科研单位及司法部门的法学专家和实践工作者等担任其立法顾问，或者就相关立法举行专家论证会，或者采取其他方式征求专家意见，对立法过程中遇到的各种疑难问题研究论证，提出切合实际的立法建议；或者根据需要邀请与立法草案有利害关系的部门、公众及法学专家参加，举行专题座谈会，征询各方面意见和建议，使得公众可以有效参与到环境立法的制定过程之中，保障其合理的环境利益诉求。

（三）环境立法草案审查阶段的有序公众参与

在环境立法草案审查阶段，公众有权对已经成型的“法案”进行审议和评论，着力解决法案中的突出问题。这是公众参与立法的重要阶段。

1.公开草案，征集社会公众意见

在事关公众切身利益或社会影响较大的环境立法过程中，政府有关机构可以通过将立法草案全文在报刊、网站进行公布，结合所收集到的公众反馈意见对立法草案加以修改，形成正式的法律草案并提交立法机关讨论、通过。法案公开已成为世界很多国家通用的必备立法程序。例如，在法规草案签署生效之前，法规草案必须在加拿大政府的官方刊物上公布，只有经过公开评论后，法规才能签署生效。① 从立法实践来看，法案公开是解决公众参与立法不平衡的重要途径。由于不同利益群体所掌握的社会资源的不平衡，就容易出现“声音大的不一定人多，声音小的不一定人少”的现象。公开环境立法法案，可以使广大公众避免在立法信息方面的不对称情况出现，保障了公众信息获取的平等权。同时，公开环境立法法案，可以降低公众参与的成本，使公众可以相对便捷的方式比如互联网、电话、信函等表达自己的观点和看法。这种公众参与方式尤其是为弱势群体表达利益诉求提供了有效的机制和途径。②《清洁生产促进法》《循环经济促进法》《环境保护法》《环境保护公众参与办法》等重要环境法律的制定过程中，公开相关立法草案、征求工作意见，被证明是非常行之有效的做法。在规章层面，环保部在《关于进一步提高总局机关立法工作公众参与程度的通知》规定：“法规司和负责起草法规的司（办、局）在法规审查过程中，对于有关机关、组织或者公民有重大意见分歧的环保部门规章，可以通过我局政府网站向社会公开征求意见。”在地方环境法规制定过程中，公开立法草案征求各种意见是普遍采用的办法，如安徽省人大常委会《安徽省环境保护条例（草案）》，就酝酿提高噪声污染罚款额度，惩罚居民小区内乱敲打或锤击制造噪声等问

① 许安标注:《法案公开与公众参与立法》，载《中国人大》2008年第5期。
② 许安标注:《法案公开与公众参与立法》，载《中国人大》2008年第5期。

题公开征集民众意见。[①]

2. 召开专家座谈会或论证会

注重发挥专家重要作用，是解决草案中重大问题、难以确定等问题的现实需要和必然选择。《行政法规制定程序条例》第 22 条第 1 款规定："行政法规送审稿涉及重大利益调整的，国务院法制机构应当进行论证咨询，广泛听取有关方面的意见。论证咨询可以采取座谈会、论证会、听证会、委托研究等多种形式。"《环境保护法规制定程序办法》第 18 条第 1 款规定："在审查过程中，法规司认为环境保护法规草案送审稿涉及的法律问题需要进一步研究的，法规司可以组织实地调查，并可召开座谈会、论证会，听取意见。"相比于环境立法草案制定阶段的座谈会或论证会，这一阶段参与讨论或论证的范围相对较窄，仅限于有直接利害关系的部门和权威专家，其所谈论的话题也更加集中，主要针对立法中出现的重点、难点问题。

3. 举行听证会

针对那些重大争议问题或者社会影响较大的草案，召开听证会，征求公众意见，也是常用的做法。《规章制定程序条例》第 23 条第 2 款规定："规章送审稿涉及重大利益调整或者存在重大意见分歧，对公民、法人或者其他组织的权利义务有较大影响，人民群众普遍关注，起草单位在起草过程中未举行听证会的，法制机构经本部门或者本级人民政府批准，可以举行听证会。举行听证会的，应当依照本条例第十六条规定的程序组织。"《环境保护法规制定程序办法》第 18 条第 2 款规定，"环境保护法规草案送审稿创设行政许可事项，或者直接涉及公民、法人或者其他组织切身利益，有关机关、组织或者公民对其有重大意见分歧的，法规司和负责起草工作的司（办、局）可以采取听证会等形式，听取有关机关、组织和公民的意见"。

---

① 《皖环保立法征集民意制造严重噪声最高可罚五万》，http://www.xinhuanet.com/chinanews/2009~07/28/content_17222608.htm。

（四）环境法律规范实施阶段的有序公众参与

生效法律具有普遍强制执行力。但生效法律的绩效如何，只有在实践中才能得到充分检验。因此，在法律规范实施阶段，鼓励公众通过一定方式参与法律实施效果评估，很有必要。比如，主管部门可以举行监督听证会或座谈会，公开听取公众对环境法律规范实施效果和环境执法情况的反馈，以及对下一步如何修改完善法律规范的建议，以便及时对环境法律规范进行修改、清理或废止。另外，立法“后评估”制度也是环境法律规范实施阶段常用且较为成熟的做法，即通过环境立法机关委托相关学术单位或社会团体，对特定环境法律法规的实施情况、实施绩效以及存在问题进行深入系统的分析和研究，并提出针对性的解决办法和建议。

二、环境决策中的有序公众参与

所谓环境决策，是指国家行政机关工作人员在处理与环境资源有关的行政事务时，基于所掌握的大量有关信息，运用科学的理论和方法，系统地分析主客观条件，对所要解决或处理的问题和事务作出决定的过程。帮助或督促政府部门在作出具体决策和制订计划、政策等宏观战略的过程中充分认识和考虑到公共环境利益，是公众参与环境决策的主要功能。《环境影响评价法》《环境保护行政许可听证暂行办法》《环境影响评价公众参与暂行办法》等法律法规都对公众参与进行了详细规定，极大地提高了公众有序参与环境决策的可操作性和实效性。目前，公众参与环境决策的制度渠道主要有三种：参与环境影响评价、参与环境规划、参与环境行政许可。

（一）环境影响评价中的有序公众参与

1969 年，美国的《国家环境政策法》首次将环境影响评价规定为政府环境管理的一项基本制度。从实践来看，由于在相当程度上可以预防和减少人类活动对环境的负面影响，环境影响评价制度已成为各国环境法的基本制度。如瑞典、澳大利亚、法国、荷兰等国分别在其国家的环境基本法中对环境影响评价制度作出了规定，英国制定《环境影响评价条例》，德国、加拿大分别制定了《环境影响评价法》。[①] 各国环境影响评价的法律规定都相当重视"公众参与"并有相关的制度保障。

1. 何为环境影响评价

环境影响评价是"在实施对环境可能有重大影响的活动之前，就该活动所发生的环境影响进行调查、分析与评价，并在此基础上提出回避、减轻重大环境影响的措施与方案，经过对各项结果综合考虑和判断并公开审查后，决定是否实施该活动的一系列程序的总称"。[②] 依据所评价对象的不同，环境影响评价可分为建设项目环境影响评价（项目环评）和战略规划环境影响评价（战略环评）两类。

环境影响评价强调预防为主，这是环境事务的复杂性和利益广泛性决定的。只有对建设项目的环境后果和社会影响作出准确判断，才能提出合理的解决方案，从这个意义上来说，公众参与环评是确保环境影响评价民主性、公正性所必不可少的重要程序，也是整个环境评价制度的基石。公众通过法定方式参与环境影响评价文件的制作、审查与监督，是环境影响评价制度中的重要组成部分。

2. 我国环境影响评价公众参与制度

（1）环境影响评价参与的主体

根据我国相关法律规定，环境影响评价中的公众可分为专家和群众两

---

① 汪劲：《中外环境影响评价制度比较研究》，北京大学出版社 2006 年版，第 35—36 页。

② 汪劲：《环境影响评价程序之公众参与问题研究——兼论我国〈环境影响评价法〉相关规定的施行》，载《法学评论》2004 年第 2 期。

类。专家参与主要通过咨询、评价、参与研究等方式，对涉及环境管理政策和技术复杂的决策性问题提供意见、建议。作为建设项目所在地的居民，群众则是因其自身环境利益诉求而对建设项目提出意见和建议。《环境影响评价公众参与暂行办法》规定，建设单位或者其委托的环境影响评价机构、环境保护行政主管部门，应当综合考虑地域、职业、专业知识背景、表达能力、受影响程度等因素，合理选择被征求意见的公民、法人或者其他组织。被征求意见的公众必须包括受建设项目影响的公民、法人或者其他组织的代表。环境影响评价的组织实施者即实施主体有三类：项目建设者、接受建设者委托制作环评文件的"环境影响评价机构"以及对环评文件有审批权的环保部门。《环境影响评价法》第21条规定："建设单位应当在报批建设项目环境影响报告书前，举行论证会、听证会，或者采取其他形式，征求有关单位、专家和公众的意见。"项目建设者也可以委托有资质的环评单位代为制作环评文件，因此接受委托制作环评文件的"环境影响评价机构"也是公众参与的组织实施主体。《环境影响评价公众参与暂行办法》第5条第2款规定："建设单位可以委托承担环境影响评价工作的环境影响评价机构进行征求公众意见的活动"。另外，根据相关法律规定，对环境可能造成重大影响、应当编制环境影响报告书的建设项目，可能严重影响项目所在地居民生活环境质量的建设项目，以及存在重大意见分歧的建设项目，环保部门可以举行听证会，听取有关单位、专家和公众的意见，表明对环评文件有审批权的环保部门也是公众参与的组织实施主体。

（2）环境影响评价参与的项目范围和环节

理论上来讲，对任何可能对环境产生不利影响的项目，公众都有知情权、监督权和参与权。但在环境实践中，相关环境法律法规只对规模较大、影响较大、确有必要征求公众意见的重要项目规定了明确的公众参与要求。其一，对环境可能造成重大影响、依法应当编制环境影响报告书的建设项目；其二，环境影响报告书经批准后，项目的性质、规模、地点、采用的生产工艺或者防治污染、防止生态破坏的措施发生重大变动，建设单位应当重新报批环境影响报告书的建设项目；其三，环境影响报告书自批准之日起超过五年方决定开工建设，其环境影响报告书应当报原审批机关重新审核的建设项目。

关于环境影响评价参与的环节，《环境影响评价公众参与暂行办法》第5条第1款规定："建设单位或者其委托的环境影响评价机构在编制环境影响报告书的过程中，环境保护行政主管部门在审批或者重新审核环境影响报告书的过程中，应当依照本办法的规定，公开有关环境影响评价的信息，征求公众意见。"根据此条及其他相关法律条文的规定，我国公众参与环境影响评价的具体环节主要有两方面：环境影响报告书的编制过程中的公众参与；环保部门审批或重新审核环境影响报告书的过程中的公众参与。

（3）环境影响评价参与的具体制度安排

根据环境影响评价的实施流程，我国环境影响评价中公众参与的具体制度包括：其一，公告项目基本信息。在《建设项目环境分类管理名录》规定的环境敏感区，建设单位应当在确定了承担环境影响评价工作的环境评价机构后7日内，向公众公告下列信息：建设项目的名称及概要；建设项目的建设单位的名称和联系方式；承担评价工作的环境影响评价机构的名称和联系方式；环境影响评价的工作程序和主要工作内容；征求公众意见的主要事项；公众提出意见的主要方式。

其二，征集公众意见，制作环境影响报告书。建设单位或者其委托的环境影响评价机构在编制环境影响报告书的过程中，应当在报送环境保护行政主管部门审批或者重新审核前，向公众公告如下内容：建设项目情况简述；建设项目对环境可能造成影响的概述；预防或者减轻不良环境影响的对策和措施的要点；环境影响报告书提出的环境影响评价结论的要点；

公众查阅环境影响报告书简本的方式和期限，以及公众认为必要时向建设单位或者其委托的环境影响评价机构索取补充信息的方式和期限；征求公众意见的范围和主要事项；征求公众意见的具体形式；公众提出意见的起止时间。

其三，公开环境影响报告书简本，再次征求公众意见，包括：在特定场所提供环境影响报告书的简本；制作包含环境影响报告书的简本的专题网页；在公共网站或者专题网站上设置环境影响报告书的简本的链接；其他便于公众获取环境影响报告书的简本的方式。建设单位或者其委托的环境影响评价机构应当在发布信息公告、公开环境影响报告书的简本后，采取调查公众意见、咨询专家意见、座谈会、论证会、听证会等形式，公开征求公众意见。

其四，反馈公众意见处理情况，修改报告书。环境影响报告书报送环境保护行政主管部门审批或者重新审核前，建设单位或者其委托的环境影响评价机构可以通过适当方式，向提出意见的公众反馈意见处理情况。建设单位报批的环境影响报告书应当附具对有关单位、专家和公众的意见采纳或者不采纳的说明。

其五，审批信息公开。环境保护行政主管部门应当在受理建设项目环境影响报告书后，在其政府网站或者采用其他便利公众知悉的方式，公告环境影响报告书受理的有关信息。环境保护行政主管部门公告的期限不得少于 10 日，并确保其公开的有关信息在整个审批期限之内均处于公开状态。

其六，审批过程中征求公众意见。环境保护行政主管部门按照规定公开征求意见后，对公众意见较大的建设项目，可以采取调查公众意见、咨询专家意见、座谈会、论证会、听证会等形式再次公开征求公众意见。环境保护行政主管部门在作出审批或者重新审核决定后，应当在政府网站公告审批或者审核结果。公众可以在有关信息公开后，以信函、传真、电子邮件或者按照有关公告要求的其他方式，向建设单位或者其委托的环境影响评价机构、负责审批或者重新审核环境影响报告书的环境保护行政主管部门，提交书面意见。环境保护行政主管部门可以组织专家咨询委员会，由其对环境影响报告书中有关公众意见采纳情况的说明进行审议，判断其合理性并提出处理建议。

（4）环境影响评价参与的具体方式

其一，问卷调查。问卷调查等方式建设单位或者其委托的环境影响评价机构调查公众意见的重要方式，应当在环境影响报告书的编制过程中完成。问卷中所调查内容的设计应当遵循简单、通俗、明确、易懂的原则，避免诱导性问题以保障调研结果的客观性和公正性。问卷的发放范围、发放数量应以建设项目的具体情况为依据，综合考虑项目建设所可能带来环境影响的范围和程度、社会关注程度、组织公众参与所需要的人力和物力资源以及其他相关因素等。问卷调查的数据分析和结果采纳应当注重科学性、客观性和准确性，避免简单性、主观性和选择随意性。

其二，咨询专家意见。建设单位或者其委托的环境影响评价机构咨询专家意见的方式是多样的，可以采用书面或者其他形式；咨询专家的范围，既可以是专家个人，也可以是专家集体。接受咨询的专家个人和单位应当对咨询事项提出明确意见，并以书面形式回复，个人应当签署姓名，单位应当加盖公章。集体咨询专家时有不同意见的，接受咨询的单位应当在咨询回复中明确相关情况。

其三，组织座谈会和论证会。应当根据环境影响的范围和程度、环境因素和评价因子等相关情况，合理确定座谈会或者论证会的主要议题。建设单位或者其委托的环境影响评价机构应当在座谈会或者论证会召开7日前，将座谈会或者论证会的时间、地点、主要议题等事项，书面通知有关单位和个人。座谈会或者论证会结束后5日内，实施主体应当根据现场会议记录整理制作座谈会议纪要或者论证结论，并存档备查。会议纪要或者论证结论应当如实记载不同意见。

其四，组织听证会。建设单位或者其委托的环境影响评价机构决定举行听证会征求公众意见的，应当在举行听证会10日前，在该建设项目可能影响范围内公告听证会的时间、地点、听证事项和报名办法，公告应采取公共媒体或者其他公众可知悉的方式。对于希望参加听证会的公众来说，应当按照听证会公告的要求和方式提出听证申请，并提交自己对所听证问题的意见或建议要点。听证会组织者在提交听证申请的公众中进行遴选，主要考虑申请者的地域、职业、专业知识背景、表达能力、受影响程度等因素，并在听证会举行5日前通知选定的参会公众代表。参加听证会的人员要本着实事求是的态度，如实对建设项目的环境影响和自身利益诉求表达意见或建议，遵守听证会纪律并保守有关技术秘密和业务秘密。听证会的举行，必须遵循公开性、程序性原则，方可保证听证会质量。

相较于环境评价公众参与比较成熟的国家，我国的环境公众参与还处于探索和完善阶段。虽然我国专门制定了《环境影响评价公众参与暂行办法》，对公众参与环境影响评价作了专门规定，在一定程度上提高了公众的环境参与意识，赢得了公众的支持，促进了政府环境决策民主化和透明度的提升，但是，无论是公众参与环境评价的具体内容、具体权利和程序，以及环境信息公开制度的配套性制度安排等方面，均存在一定欠缺和不足，同时，对公众参与环境影响评价方式规定得相对单一，参与途径和方式基本还是以传统的调查问卷、论证会、座谈会和听证会等为主，缺乏新媒体时代更加灵活多样的方式方法，对年轻一代公众的吸引力不够。参与形式的单一，在相当程度上影响了公众参与环境评价规模和质量的提升。

（二）环境规划中的有序公众参与

1. 何为环境规划

环境规划是与环境保护相关的各类规划的统称。它是规划管理者具体规定的一定时期内的环境保护目标和措施，是带有指令性、强制性的经济发展与环境保护方案，是政府环境决策在时间、空间上的具体安排，其目的是发展经济与保护环境的双赢，实现经济社会可持续发展。在环境治理现代化进程中，环境预测是环境决策的依据；环境规划是环境决策的具体安排；环境预测是对环境规划的科学分析。从这个意义上来说，作为环境预测与环境决策的产物，环境规划是环境治理的重要内容和主要手段。

实践中涉及环境的规划很多，比如统筹安排特定地区土地或经济生活的综合性规划、针对特定行业和领域的专项规划等，其中最重要的，是以协调土地利用、经济发展和人民生活为主要内容的城乡规划。20 世纪中叶以来，公众在城乡规划中的作用越来越受到重视。1947 年，英国颁布世界上首部《城乡规划法》，把城乡规划过程中的公众参与纳入立法之中。20 世纪 80 年代，德国在《建设法典》《城市规划法》中更强调了公众参与规划的程序性规定，将公众参与置于城乡规划过程中的核心地位。如今，公众参与思想已成为世界规划领域核心思想之一，通过规划操作层面上的条例化、制度化和组织结构、工作程序上的保证，环境规划的目的得以切实体现。①

2. 我国环境规划公众参与制度

（1）城乡规划中的公众参与

在我国，制定城乡规划应当“组织进行环境影响评价编写该规划有关环境影响的篇章或者说明”，虽然没有明确的公众参与要求，但是依据《城乡规划法》相关规定，公众环境参与的主要途径有：其一，政府信息公开与公众知情权保障。政府公开规划信息，保障公众知情权是公众参与的基本要求，《城乡规划法》在总则部分即作出明确规定，将之确立为基本原则。该法第 8 条规定：“城乡规划组织编制机关应当及时公布经依法批准

① 孙炳红：《阳光规划的实践与探索》，载《规划师》2005 年第 4 期。

的城乡规划。但是，法律、行政法规规定不得公开的内容除外。”第 9 条第 1 款规定，任何单位和个人“有权就涉及其利害关系的建设活动是否符合规划的要求向城乡规划主管部门查询”。

其二，规划制定阶段的公众参与。政府制定规划时应该充分听取当事人意见，这是规划公众参与中最重要、最根本的环节。对此，《城乡规划法》第 26 条规定：“城乡规划报送审批前，组织编制机关应当依法将城乡规划草案予以公告，并采取论证会、听证会或者其他方式征求专家和公众的意见。公告的时间不得少于三十日。组织编制机关应当充分考虑专家和公众的意见，并在报送审批的材料中附具意见采纳情况及理由。”不仅明确了“征求公众意见”为法定必经程序，而且“附具意见采纳情况及理由”的规定对确保编制机关充分考虑公众意见也具有良好保障。考虑到“村庄规划”与当事人的利害关系更为直接，该法特别规定“村庄规划在报送审批前，应当经村民会议或者村民代表会议讨论同意”，从而进一步增强了公众参与的力度。

其三，规划实施阶段的公众参与。《城乡规划法》第 28 条规定，“地方各级人民政府应当根据当地经济社会发展水平，量力而行，尊重群众意愿，有计划、分步骤地组织实施城乡规划”，把“尊重群众意愿”作为实施规划的法定参考因素之一。该法第 46 条则规定：“省域城镇体系规划、城市总体规划、镇总体规划的组织编制机关，应当组织有关部门和专家定期对规划实施情况进行评估，并采取论证会、听证会或者其他方式征求公众意见。组织编制机关应当向本级人民代表大会常务委员会、镇人民代表大会和原审批机关提出评估报告并附具征求意见的情况。”

其四，规划修改阶段的公众参与。规划实施过程中由于新问题的出现而导致规划的必要修改，公众参与也很重要。《城乡规划法》主要有三个方面的规定：一是把征求公众意见作为启动修改的前置程序。第 48 条规定，“修改控制性详细规划的，组织编制机关应当对修改的必要性进行论证，征求规划地段内利害关系人的意见，并向原审批机关提出专题报告，经原审批机关同意后，方可编制修改方案。”二是把公众意见作为实施修改的重要依据。第50条规定：“经依法审定的修建性详细规划、建设工程设计方案的总平面图不得随意修改；确需修改的，城乡规划主管部门应当采取听证会等形式，听取利害关系人的意见；因修改给利害关系人合法权益造成损失的，应当依法给予补偿。”三是对未经充分听取公众意见而擅自修改规划的行为作出了明确的责任规定，“同意修改修建性详细规划、建设工程设计方案的总平面图前未采取听证会等形式听取利害关系人的意见的”，“由本级人民政府、上级人民政府城乡规划主管部门或者监察机关依据职权责令改正，通报批评；对直接负责的主管人员和其他直接责任人员依法给予处分”。

其五，规划监督检查阶段的公众参与。《城乡规划法》第54条规定：“监督检查情况和处理结论应当依法公开，供公众查阅和监督。”

（2）专项规划中的公众环境参与

在《环境影响评价法》《规划环境影响评价条例》《环境影响评价公众参与暂行办法》《专项规划环境影响报告书审查办法》等专项规划中，对于环境评价相关法律法规中都有大量关于公众参与的规定。其一，环评文件制定阶段的公众参与。根据《环境影响评价法》《规划环境影响评价条例》《环境影响评价公众参与暂行办法》等规定，有关专项规划的编制机关在制定环境规划时，如果可能造成不良环境影响并直接涉及公众环境权益，应当在该规划草案报送审批前，征求有关单位、专家和公众对环境影响报告书草案的意见。征集意见的方式包括调查问卷、座谈会、论证会、听证会等形式。为切实保证公众参与的实施，有无依法组织公众参与成为环评文件审批通过的必备依据。如《环境影响评价公众参与暂行办法》第35条规定：“在召集有关部门专家和代表对开发建设规划的环境影响报告书中有关公众参与的内容进行审查时，应当重点审查以下内容：专项规划的编制机关在该规划草案报送审批前，是否依法举行了论证会、听证会，或者采取其他形式，征求了有关单位、专家和公众对环境影响报告书草案的意见；专项规划的编制机关是否认真考虑了有关单位、专家和公众对环境影响报告书草案的意见，并在报送审查的环境影响报告书中附具了对意见采纳或者不采纳的说明。”

其二，环评文件审批阶段的公众参与。规划环评文件审批实行“审查小组”制度，是保证规划环评审批公正性的重要保障。其具体做法是，环境保护主管部门召集有关部门代表和专家组成审查小组，对环境影响报告书进行审查。对于审查小组所提交的书面审查意见，政府有关部门应该将其作为审批专项规划草案的重要参考。审查小组成员对环境影响报告书提出书面审查意见，应当是客观、公正和独立的，规划审批机关、规划编制机关、审查小组的召集部门不得干预。规划审批机关在审批专项规划草案时，应当将审查意见作为决策的重要依据；对审查意见不予采纳的，应当逐项就不予采纳的理由作出书面说明，并存档备查。有关单位、专家和公众可以申请查阅；但是，依法需要保密的除外。

其三，规划跟踪评价阶段的公众参与。《环境影响评价法》第15条规定：“对环境有重大影响的规划实施后，编制机关应当及时组织环境影响的跟踪评价，并将评价结果报告审批机关；发现有明显不良环境影响的，应当及时提出改进措施。”根据《规划环境影响条例》的规定，规划环境影响跟踪评价的具体内容包括：规划实施后实际产生的环境影响与环境影响评价文件预测可能产生的环境影响之间的比较分析和评估；规划实施中所采取的预防或者减轻不良环境影响的对策和措施有效性的分析和评估；公众对规划实施所产生的环境影响的意见；跟踪评价的结论。该法第26条规定，“规划编制机关对规划环境影响进行跟踪评价，应当采取调查问卷、现场走访、座谈会等形式征求有关单位、专家和公众的意见”。

（三）环境行政许可中的有序公众参与

1. 何为环境行政许可

行政许可是指行政机关根据公民、法人或者其他组织的申请，经依法审查，准予其从事特定活动的行为。在社会治理过程中，行政部门经常采用行政许可方式。所谓环境行政许可，是指行政部门在环境治理过程中实施的行政许可事项。从环境行政许可的范围来看，它包括：环保部门对环境影响评价文件的审批；由环保部门或自然资源部门审批的重要事项如发放排污许可证、颁发危险废物经营许可证、划定自然保护区等。

公众参与环境行政许可，包括《环境保护行政许可听证暂行办法》对环境保护行政许可的“听证”作出专门规定，以及《渔业法》《危险废物经营许可证管理办法》《自然保护区条例》《排污费征收使用管理条例》《民用核安全设备监督管理条例》等法律法规中的相关规定。综合这些立法来看，当前我国环境行政许可中的公众参与制度主要表现在以下三个方面。

2. 环境行政许可中公众参与制度

（1）环境行政许可听证

环境保护行政主管机关是听证组织机关。环境许可听证程序的启动，或者依法律规定，或者因行政许可主管机关审议的重大环境事项涉及公共利益，或者依环境行政许可申请人或利害关系人的依法申请。环境行政许可听证是公众环境参与的重要途径，通过给予当事人和利害关系人陈述自己立场的机会，充分听取各方面意见，以保护各方合法环境权益，实现公共利益最大化。

其一，环境许可听证的基本原则。环境保护行政主管部门组织听证，应当遵循公开、公平、公正和便民的原则，充分听取公民、法人和其他组织的意见，保证其陈述意见、质证和申辩的权利。除涉及国家秘密、商业秘密或者个人隐私外，听证应当公开举行。公开举行的听证，公民、法人或者其他组织可以申请参加旁听。

其二，环境行政许可听证的适用范围。包括一般性环境行政许可、建设项目环评审批和专项规划环评审批。其中，一般性环境行政许可的范围是按照法律、法规、规章的规定应当组织听证的、涉及公共利益的重大环境保护项目和申请人、利害关系人依法要求听证的行政许可项目；建设项目环评审批是指环境保护行政主管部门在审查或者重新审核建设项目环境影响评价文件之前对于建设项目未依法征求有关单位、专家和公众的意见，或者虽然依法征求了有关单位、专家和公众的意见仍存在重大意见分歧的，可以举行听证会；专项规划环评审批是指对可能造成不良环境影响并直接涉及公众环境权益的有关专项规划，环境保护行政主管部门可以举行听证会，征求有关单位、专家和公众对环境影响报告书草案的意见。国家规定需要保密的规划除外。

其三，环境行政许可听证的主持人和参加人。听证主持人应当由环境保护行政主管部门审查该行政许可申请的工作人员以外的人员担任。环境行政许可事项重大复杂，环境保护行政主管部门决定举行听证，由许可审查机构的人员担任听证主持人可能影响公正处理的，由法制机构工作人员担任听证主持人。听证参加人包括环境保护行政许可申请人、利害关系人，及其他申请参加听证并得到允许的人。

其四，环境行政许可听证的程序。包括以下七个阶段：一是事前公告，应在听证举行的10日前，通过报纸、网络或者布告等适当方式，向社会公告被听证的许可事项和听证会的时间、地点，以及参加听证会的方法。二是告知行政许可申请人、利害关系人享有要求听证的权利，并送达《环境保护行政许可听证告知书》。三是受理听证申请，根据场地等条件，确定参加听证会的人数。四是送达或公告《听证通知书》。组织听证的环境保护行政主管部门应当在听证举行的7日前，将《环境保护行政许可听证通知书》分别送达行政许可申请人、利害关系人，并由其在送达回执上签字。五是组织听证。环境保护行政许可听证会按规定程序进行，在听证过程中，主持人可以向行政许可审查人员、行政许可申请人、利害关系人和证人发问，有关人员应当如实回答。六是制作笔录。组织听证的环境保护行政主管部门，对听证会必须制作笔录，并由听证员和记录员签名，行政许可申请人、利害关系人审核无误后签字或者盖章。七是后续处理。听证终结后，听证主持人应当及时将听证笔录报告本部门负责人。环境保护行政主管部门应当根据听证笔录，作出环境保护行政许可决定并应当在许可决定中附具对听证会反映的主要观点采纳或者不采纳的说明。

（2）听取相关部门和专家意见

政府为了环境决策的科学性和准确性，往往以广泛听取相关部门和专家意见的方式，审慎对待那些技术性较强、涉及部门多的环境行政许可。例如，《危险废物经营许可证管理办法》第 9 条第 2 款规定：“发证机关在颁发危险废物经营许可证前，可以根据实际需要征求卫生、城乡规划等有关主管部门和专家的意见。申请单位凭危险废物经营许可证向工商管理部门办理登记注册手续。”《民用核安全设备监督管理条例》第 10 条第 3 款规定：“制定民用核安全设备国家标准和行业标准，应当充分听取有关部门和专家的意见。”《全国污染源普查条例》第 17 条规定：“拟订全国污染源普查方案，应当充分听取有关部门和专家的意见。”

（3）向社会公告，接受监督。

为了确保社会公平正义，政府部门会在与公众环境利益密切环境许可领域，采取各种方式向社会公开，听取公众意见和建议，接受公众监督。如《排污费征收使用管理条例》第 17 条规定：“减缴、免缴、缓缴排污费的排污者名单由受理申请的环境保护行政主管部门会同同级财政部门、价格主管部门予以公告，公告应当注明批准减缴、免缴、缓缴排污费的主要理由”。《渔业法》第 22 条规定：“捕捞限额总量的分配应当体现公平、公正的原则，分配办法和分配结果必须向社会公开，并接受监督。”《自然保护区条例》第 14 条第 2 款规定："确定自然保护区的范围和界线，应当兼顾保护对象的完整性和适度性，以及当地经济建设和居民生产、生活的需要"。

三、环境执法中的有序公众参与

（一）何为环境执法公众参与

公众对环境有知情权、参与权和监督权，这是法律赋予的权利。在环境执法过程中，政府部门通过各种形式吸收公众参与，包括鼓励和引导公众举报环境污染行为，监督环境执法过程，提出环境保护建议和意见等，这就是环境执法公众参与。从法理上讲，广泛存在的自由裁量使得环境执法过程中的公众参与成为保障政府环境行政正当性的重要手段。环境法律执行过程中，环境行政执法机关的努力固然重要，公众参与的民主法治机制建设更是迫在眉睫。①

环境执法机关通过引导公众有序参与环境执法，有利于调动公众关注、支持环境保护的积极性，提高公众的环境法律意识和水平；有利于形成良好的环境执法氛围，提高全社会环境保护的自觉性；有利于把环境问题解决在初期阶段，避免群体性上访事件的发生；有利于对企业环境行为进行监督，促使企业加强管理，加大环保投入；有利于加强执法机关和公众的沟通，增强公众对环境执法的理解。正如孟德斯鸠所言，"每个有权力的人都趋于滥用权力，而且还趋于把权力用至极限"。② 近年来，公众参与环境执法由早期的举报、检举环境违法行为，逐步发展到参与现场执

① 王灿发：《中国环境行政执法手册》，中国人民大学出版社 2008 年版，第 317 页。

② ［美］埃德加·博登海默：《法理学、法律哲学与法学方法》，邓正来译，中国政法大学出版社 1999 年版，第 357 页。

法、点单选择排污企业、参与行政处罚案件讨论等层面。随着公众参与环境执法的制度的不断完善，公众参与环境执法的效果也日益显现。

（二）环境执法公众参与的途径和形式

我国环境执法公众参与的途径主要有环境信访、听证、座谈会、论证会等形式。近年来，市民检查团、公众陪审团等环境执法公众参与形式，也取得了良好效果。

1. 环境信访

环境信访是指公民、法人或者其他组织采用书信、电子邮件、传真、电话、走访、微信、QQ 等多种形式，向各级环境部门反映各类环境问题，提出建议、意见或者投诉请求，依法由环境部门处理的活动。环境信访是环境执法公众参与的重要途径。

（1）公众环境信访的渠道

其一，日常环境信访渠道。环境信访的相关渠道信息公开对于公众参与信访是极其重要的，包括环境信访工作机构的通信地址、邮政编码、电子信箱、投诉电话，信访接待时间、地点、查询方式等。同时，政府环境部门应当在其信访接待场所或本机关网站公布与环境信访工作有关的法律、法规、规章，环境信访事项的处理程序，以及其他为信访人提供便利的相关事项等。

其二，环境信访接待日制度。信访接待日制度是对各级环境保护行政主管部门负责人的职责要求。在接待日和接待地点，信访人可以直接向相关部门负责人当面反映环境保护情况，提出意见、建议或者投诉，有助于较好较快解决信访人的利益诉求。同时，相关部门负责人或者其指定的人员，必要时可以就信访人反映的突出问题到信访人居住地了解情况、现场办公，这样做不仅密切了干群关系，也有利于使公众的环境利益诉求及早尽快得到解决。

其三，环境信访信息系统。接到环境信访人反映的情况后，环境信访工作机构应当及时、准确地将相关信息输入环境信访信息系统：信访人的姓名、地址和联系电话；环境信访事项的基本要求、事实和理由摘要；已受理环境信访事项的转办、交办、办理和督办情况；重大紧急环境信访事项的发生、处置情况等。鉴于环境部门的环境信访信息系统建设已经取得重要进展，信访人查询其提出的环境信访事项的处理情况及结果也很便捷，到环境信访工作机构指定的场所进行查询即可。

（2）环境信访的提出

其一，环境信访人可以提出的环境信访事项。包括：一是检举、揭发违反环境保护法律、法规和侵害公民、法人或者其他组织合法环境权益的行为；二是对环境保护工作提出意见、建议和要求；三是对环境保护行政主管部门及其所属单位工作人员提出批评、建议和要求。

其二，环境信访人的信访形式。一是书面形式，包括采用书信、电子邮件、传真等书面形式提出环境信访事项；二是采用口头形式提出的，环境信访机构工作人员应当记录信访人的基本情况、请求、主要事实、理由、时间和联系方式；三是走访形式，应当到环境保护行政主管部门设立或者指定的接待场所提出相关要求。

（3）环境信访的受理

各级环境信访工作机构收到信访事项，应当予以登记。信访人提出属于本办法第十六条规定的环境信访事项的，应予以受理，并及时转送、交办本部门有关内设机构、单位或下一级环境保护行政主管部门处理，要求其在指定办理期限内反馈结果，提交办结报告，并回复信访人；对情况重大、紧急的，应当及时提出建议，报请本级环境保护行政主管部门负责人决定；对信访人提出的环境信访事项，环境信访机构能够当场决定受理的应当场答复，不能当场答复是否受理的，应当自收到环境信访事项之日起15 日内书面告知信访人；同级人民政府信访机构转送、交办的环境信访事项，接办的环境保护行政主管部门应当自收到转送、交办信访事项之日起15日内，决定是否受理并书面告知信访人。各级环境保护行政主管部门及其工作人员不得将信访人的检举、揭发材料及有关情况透露或者转给被检举、揭发的人员或者单位。

（4）环境信访的办理

各级环境保护行政主管部门或单位对办理的环境信访事项应当进行登记，并根据职责权限和信访事项的性质，对于属于环境信访受理范围、事实清楚、法律依据充分，作出予以支持的决定，并答复信访人；对于信访人的请求合理但缺乏法律依据的，应当对信访人说服教育，同时向有关部门提出完善制度的建议；对于信访人的请求不属于环境信访受理范围，不符合法律、法规及其他有关规定的，不予支持，并答复信访人；对于重大、复杂、疑难的环境信访事项可以举行听证，听证应当公开举行，通过质询、辩论、评议、合议等方式，查明事实，分清责任。环境信访事项应当自受理之日起60日内办结，情况复杂的，经本级环境保护行政主管部门负责人批准，可以适当延长办理期限。信访人对环境保护行政主管部门作出的环境信访事项处理决定不服的，可以请求原办理部门的同级人民政府或上一级环境保护行政主管部门复查。信访人对复查意见不服的，可以请求复查部门的本级人民政府或上一级环境保护行政主管部门复核。

2. 环境处罚听证会

（1）何为环境处罚听证会

所谓环境行政处罚听证会，就是指环境行政机关在作出重大行政处罚决定前，在特定的时间、地点举行的让当事人、利害关系人与案件调查人，对所要认定的违法事实及应适用的处罚依据进行举证、质证、陈述、辩论的法定程序。环境保护部门在作出暂扣或吊销许可证、较大数额的罚款和没收、责令停产、停业、关闭等重大行政处罚决定之前，应当告知当事人有要求举行听证的权利。当事人要求听证的，环境保护部门应当组织听证。[①]

（2）环境处罚听证会的程序

其一，确定听证主持人、参加人。听证主持人是指负责听证活动组织工作，使听证会按照法定程序合法完成的非本案调查人员的行政机关内部工作人员。根据相关法规规定，行政机关在确定听证主持人时应遵循：行政处罚听证主持人实行资格认证制度、职能分离原则和回避原则。听证参加人包括案件调查人、当事人（申请人）、委托代理人、第三人、证人等其他参加人员。

其二，告知听证参加人，向社会发布公告。凡是公开听证的案件，听证举行前，行政机关应当将听证的内容、时间、地点及有关事项，向社会予以公告。公告的形式可张贴，也可在有关媒体上发布听证公告书。

其三，按照《环境行政处罚听证程序规定》的程序进行听证。听证会期间，听证主持人要秉持好居间听判的角色职能，并把握好质证的范围、节奏和会场气氛。质证的范围严格限定在本案的事实与依据上，必要时可中止听证。听证终结后，听证主持人应及时制作听证报告书，将听证会情况书面报告本部门负责人。

（3）环境处罚听证会的功能

---

① 《环境行政处罚听证程序规定》（环办［2010］174号）第5条：环境保护主管部门在作出以下行政处罚决定之前，应当告知当事人有申请听证的权利；当事人申请听证的，环境保护主管部门应组织听证：

（一）拟对法人、其他组织处以人民币50000元以上或者对公民处以人民币5000元以上罚款的；

（二）拟对法人、其他组织处以人民币（或者等值物品价值）50000元以上或者对公民处以人民币（或者等值物品价值）5000元以上的没收违法所得或者没收非法财物的；

（三）拟处以暂扣、吊销许可证或者其他具有许可性质证件的；

（四）拟责令停产、停业、关闭的。

从程序上来说，环境处罚听证会属于内部审查，其“安全阀”作用不可忽视。环境行政处罚听证对案件事实、证据、处罚依据、处罚建议等所提出的意见，以及出具的听证报告书，对环境部门的最终决策具有重要作用。在实践中，环境处罚听证体现了环境执法逐步实现了向执法机关严格执法、公众全面参与监督、污染企业自觉守法的三元执法监督体系的转变，这对改革以往政府对企业单向管理的“一元结构”起到了重要推动作用，突出了多样化联合执法的新特点，强化了政府依法治理、温情执法的亲民形象，对于巩固政府领导、部门联动、各方参与的联合执法机制，意义重大。同时，环境处罚听证会利于促进意见沟通，保证行政处罚更加公正，使处罚决定更易得到行政相对人、利益相关人的理解和认可，从而强化了环境处罚的功能，提高了政府环境治理能力。

3. 环境处罚座谈会

作为听取公众意见的一种方式，座谈会以其简单和随意的特点，经常被政府环境部门采用。《环境影响评价公众参与暂行办法》明确规定，座谈会是作为征求公众意见的重要方式。环境处罚座谈会召开，有如下规定：座谈会一般由行政机关视情决定是否召开；行政机关根据环境议题进行邀请参加座谈会的人员；主持召开座谈会的部门预先设定环境议题，事先向参会代表公开，并向其提供有关背景信息；座谈会围绕某个环境议题进行讨论，公众提出的意见和建议供行政机关决策时参考。环境部门通过组织环境处罚公众座谈会，是民主决策和科学决策精神的体现，是保障公众知情权、监督权和参与权的真实写照，有助于相关环境议题的协商解决，同时在一定程度上提升了环境部门的社会形象。不过，在具体实践中，环境处罚座谈会公众参与的程度还不够深，其作为意见收集的一种渠道，作用发挥也比较有限。

4. 公众环保检查团

公众环保检查团是近年来出现的一种环境公众参与形式，表现为环境部门执法人员在执行执法检查、监督和纠正各种环境违法行为等任务时，公众参与其中。公众环保检查团的参与者，具有以下显著特征：热爱环保公益事业，对环境保护工作关心支持；环境参与的责任感强烈；环保和相关法律知识较丰富。环境部门通过公开招聘程序，从申请者中遴选出条件最优的公众代表组成公众环保检查团。从其职能来看，除参加环保执法检查活动以外，公众环保检查团还参与企业污染治理项目验收、重大污染违法行为听证等活动。

公众环保检查团的典型案例在嘉兴市。嘉兴市的“市民环保检查团”诞生于 2008 年，由嘉兴市环保局通过向社会公开招聘而组成。与环保执法人员一起开展执法检查，对环境违法行为进行监督纠正，在验收评价、监督管理那些环保信用不良企业、环境污染违法较重企业以及对重点整治污染企业“摘帽”等各项工作中发挥其特有作用，是环保检查团的主要工作。市民环保检查团成员来源广泛，包括高校教师、学生、社区居民、外来务工人员、机关干部等，有较好的社会代表性。“点单权”是公众环保检查团的一项特色鲜明的权力，环保检查团代表可以随机圈定对哪些企业进行重点检查和抽查，并提出有针对性的整改督办意见和要求，其实施不受任何外在因素制约。“点单式”参与执法有效强化了公众参与维权行动，公众对政府环境部门环境执法的监督力度不断加强，同时也增进了公众、企业和政府之间的沟通和理解，有助于政府部门环境治理现代化能力的不断提升。从实践效果来看，在环保检查团听证会上，公众代表通过听取申请“摘帽”企业的整改陈述、现场核查并验收投票，来决定是否给其“摘帽”，从而催发了企业加大污染治理投入、加快清洁生产进度的良好局面。

5. 市民陪审团

市民陪审团参与环境执法，也是近年来出现的公众环境参与新形式。陪审团是由随机挑选的公众代表组成，他们根据自己获取或环境执法部门提供的案件信息，将其评议环境违法案件的建议和意见进行汇编，提交环境部门“陪审报告”作为其环境决策的重要参考依据。市民陪审团具有鲜明的特色：其一，参与公众范围广。凡是年满18周、在本地学习或工作、具有完全民事行为能力的公民均可报名参加，由环境执法部门通过媒体向社会公开招聘；其二，公众在参与时间上比较充裕和灵活，既可以做几天具体项目的顾问，也可以在较灵活的时间段内为某项行政处罚提供咨询意见和方案；其三，参与公众可以独立获取相关信息；其四，参与成员可随时变更。这样做，既可以使更多的公众有机会参与环境执法，也在相当程度上同时避免了因长时间与环境执法部门合作可能造成的价值中立受损；其五，将参与环境执法的意见建议汇编成“陪审报告”，并提交给相关环境保护部门作为决策重要依据。我国法律上没有明确规定市民陪审团参与环境执法制度虽然没有明确的法律规定，但其在环境执法实践中还是发挥了重要作用：一是市民陪审团成员通过评议环境违法案件对环境执法的理解更加深入，起到了重要的普法作用；二是陪审团成员通过讨论分析相关环境案件及其法律适用问题，对环境执法人员的行为进行有效监督，也增加了环境执法的透明度和公开性。

第四章
我国环境治理现代化中有序公众参与的路径

现阶段，公众有序参与环境治理现代化还面临着一些问题，比如：缺少制度基础、少有法律保障；公众参与的领域、方式、途径等还未形成有效机制；公众对环境治理中的新技术运用适应性不足；政府与公众的互信与互动不足，公众参与的获得感幸福感不强等。因此，推动环境治理现代化进程中的公众有序参与，需要政府积极主动地进行公众参与的制度建设，坚持群众路线营造共商共建共享的环境治理体系；强化环境执法过程中的公众参与，增强公众环境参与的获得感幸福感；推动环境治理新技术运用与公众参与相互促进、相得益彰；实现环境治理中政府与公众的共同成长等。

一、环境治理现代化进程中有序公众参与面临的问题

（一）缺少制度基础、少有法律保障，是环境治理中有序公众参与面临的两个困境

1. 环境治理中有序公众参与的制度基础还比较薄弱，各个领域的平衡性、程序化、具体化有待进一步加强

马丁·耶内克认为，与西方国家主要通过基层环境运动来实现公民的环境权利不同，中国政府应该更为主动地鼓励个体基于环境权利的法律维

权，从而使中国的生态现代化政策成为可能[①]。目前，从法律保障、信息公开、环境公益诉讼、鼓励社会组织参与等方面来看，我国公众参与环境治理现代化的制度框架已经初步建成，其中，《中华人民共和国宪法》有关“一切权力属于人民”的相关法律规定，构成了其最根本的制度基础。2014 年 4 月修订通过的《中华人民共和国环境保护法》中，关于“信息公开和公众参与”有明确的法律条款规定，“公民、法人和其他组织依法享有获取环境信息、参与和监督环境保护的权利。”在《政府信息公开条例》中规定，环境保护情况是政府重点公开的信息。《中华人民共和国环境保护法》首次对环境公益诉讼的主体资格作出了明确规定，“依法在设区的市级以上人民政府民政部门登记”和“专门从事环境保护公益活动连续五年以上且无违法记录”的社会组织，可以对损害社会公共利益的行为提起公益诉讼。[②] 同时，我国还针对特定领域的公众参与出台了相关规定，如在 2016 年 7 月修订的《中华人民共和国环境影响评价法》中，就对公众参与专项规划和建设项目环评中做出了制度性安排，对参与公众的实体性权利和程序性权利做出了制度保障；环境保护部出台的《环境影响评价公众参与暂行办法》《环境信息公开办法（试行）》《环境保护公众参与办法》等部门规章，从主体、程序、方式等方面对公众参与环境治理现代化进行了精心设计和安排。

不可否认的是，公众要有序参与环境治理现代化，还要面对领域广泛、系统复杂、层次多样等难题，在这种情况下，目前所构建的公众有序参与制度框架的平衡性还不够，公众有序参与环境治理的实施细则、具体实施程序等，还需要不断丰富和完善。从目前来看，公众参与环境治理的

① 参见郇庆治、［德］马丁·耶内克：《生态现代化理论：回顾与展望》，载《马克思主义与现实》2010 年第 1 期。

② 全国人民代表大会常务委员会：《中华人民共和国环境保护法》，http://www.lawlib.com/law/law_view.asp?id=450673。

局限性也很明显，对于建设项目、工程选址等涉及当前利益的具体事项参与较多，而对于那些可能造成长远利益的诸如区域环境质量、生态系统等参与较少，参与高层面、涉及根本利益的事项诸如产业布局、能源规划、重大政策制订等还难以企及。同时，公众参与环境治理，更多是回应性的，表现为生态环境污染事件发生后被动的“末端参与”；相比之下，主动性的、预防性的“源头参与”非常缺乏，表现为在公共环境政策制定和执行、环境规划编制和实施等环节，公众能够参与并对公共环境决策制定实施产生一定影响，还很少见。

2. 环境治理中有序公众参与的政策法规不健全，法律制度保障不够完善

在《环境保护法》《环境影响评价公众参与法》等法律文件中，虽然对公众参与环境监督和环境治理有着较为详尽的法律规定，但是在政府对公众参与鼓励引导、公众参与的方式方法、公众参与权利的保障以及阻碍有序公众参与的法律后果等方面，政府相关政策法规还不够健全。例如，我国没有法律意义上的“公众”概念，即对如何确定“公众”的标准规定不明确，公众参与环境治理的主体资格处于法律地位的不明确的尴尬局面，这就造成公众参与环境治理时权利和义务的虚化。① 同时，相关法律制度的不健全造成公众参与方式和内容得不到有效法律保障，阻碍了公众全面有效地参与环境治理。② 从操作层面来看，由于某些法律条款具体解释和说明不够，在公众参与环境保护的职责、义务和形式等方面，也存在着一定程度界定的歧义，比如，《环境保护法》中对于环境公益诉讼主

① 杨采芹:《论环境友好型社会建设中的公众参与》，载《经济师》2008 年第 1 期。

② 参见蒙发俊、徐璐:《新时代背景下提高生态环境公众参与度的思考》，载 2019 年第 5 期；沈佳文:《公共参与视角下的生态治理现代化转型》，载《宁夏社会科学》2015 年第 3 期。

体的规定，纳入了社会组织却没有规定个人具有诉讼资格，违背了公众环境治理主体的事实，影响了公众有序参与环境治理的进程和参与作用的发挥。

公众有序参与环境治理，需要政府在相关法律规定的配套政策支持方面给予制度性保障，这方面也存在相当差距。如果没有对公众参与环境治理法律文件的细化和配套政策的支持，不能在政府行政资源配置上进行政策倾斜，缺乏资金投入、人力资源、业务指导、能力建设、安全保障等方面支持性的具体配套政策，那么公众参与环境治理就难以在规模化、系统化方面实现突破，致使有效的公众参与难以实现。比如，公众想在城乡生活垃圾分类过程中进行参与，却往往因为缺乏垃圾分类的全链条管理标准和操作规范，同时没有相对细化的配套政策和执行手段，导致垃圾分类政策一定程度上流于形式，公众参与环境治理的实际成效就大打折扣甚至无果而终。

3. 环境治理中有序公众参与的协商、评价机制不足，需要进一步完善

对于公众有序参与生态环境监督和治理来说，高效便捷的协商机制构建不可或缺。目前来看，这方面的差距还很明显，具体表现为：政府环境信息公开的透明度不够、信息量不足；公众在环境监督过程中与政府、企业缺乏有效沟通；因为多样化的利益诉求导致公众的环境权益不调和；缺乏便捷高效的参与渠道致使公众环境利益诉求表达不畅；公众参与政府环境决策难度大、效果差等。近年来，邻避问题时有发生，起因多是在PX项目、垃圾焚烧发电、涉核项目等规划建设中政府、企业与公众的沟通不足，有序公众参与逐渐演变为难以管控的非理性、非制度化的无序参与，不仅导致一些关系国计民生的重点项目停工或下马，造成难以挽回的重大经济损失，同时也在相当程度上导致政府公信力受损、公众与政府和企业的对立情绪加剧，不利于环境治理现代化的顺利推进。

同时，建立客观科学的公众参与环境治理的评价体系，鼓励、引导和规范公众有序参与环境治理，不仅是实现公众环境权利的重要保障，有利于全面提升公众环境参与能力，也是提高公众满足感幸福感获得感的必然需求。目前，在资源配置、组织形式、效果跟踪、意见反馈、实施效果等环节，具有可操作性的可量化、可评估标准还没有制定出来，这就导致难以精准判断和衡量公众参与境治理的绩效和收益，致使部分公众参与环境治理只停留在表面而难以深入进行。比如，在建设项目环境影响评价中所进行的公众问卷调查，其制定的科学性、客观性、代表性和真实性不好辨别，公众的真实诉求和合理化建议可能被忽视，致使公众参与环境治理的主动性、积极性和创造性受到不同程度的影响。

（二）公众参与领域、方式、途径等还未形成有效机制

1. 我国还没有形成公众有序参与环境治理的整体性机制

我国环境治理现代化进程中的公众有序参与，涉及面广、领域多。随着经济社会的快速发展，社会转型加剧，各种利益诉求和矛盾凸显，人们对美好生态环境的需求与日俱增，这些都会要求政府加快各种体制机制变革以适应公众参与环境治理、维护环境权益的呼声和要求。从公众参与环境治理的主体资格看，个体形式的参与之外，还包括众多的以组织形式参与环境治理的形式，比如以环境非政府组织的形式来尽可能增强个体力量，促使公众的知情权、监督权等基本环境权益得以顺利实现。从现有的环境参与制度和机制构建来看，论证会、听证会、咨询会等都是可以有效提升公众环境参与效果的重要组织形式。《环境保护公众参与办法》规定，“环境保护主管部门可以通过征求意见、问卷调查，组织召开座谈会、专家论证会、听证会等方式征求公民、法人和其他组织对环境保护相关事项或者活动的意见和建议。公民、法人和其他组织可以通过电话、信函、传真、网络等方式向环境保护主管部门提出意见

和建议。”①

但是，目前我国还没有形成公众有序参与环境治理的整体性机制。公众环境参与涉及不同领域，其中具体制度设计与安排、制度之间的政策性工具或手段等方面，不够协调、相互冲突的情况还常常出现。法律保障制度、信息公开制度、公益诉讼制度等，是公众环境参与重要的制度保障，然而他们之间尚未建成协调一致的体系，致使公众缺乏表达环境利益的通畅渠道。至于协调不同群体公众环境利益和诉求平台的建设，如何将公众对于相关环境议题和环境决策的意见、建议进行有效吸纳，尤其是如何鼓励、引导和规范环境非政府组织行动等，都是必须要进一步思考和解决的问题。

2. 公众参与环境治理面临信息公开制度不健全的难题

公众能否真正实现有效的环境参与，环境信息的知情权是前提基础。目前来看，由于我国环境治理现代化刚刚起步，政府的相关公众参与的环境法律文件对此方面的规定还不够完善，公众环境信息知情权还有很大改进和提升空间。近年来，政府环境信息公布的透明度大幅提升，对相关企业及时公布污染物排放的类型、数量、范围等都有比较明确和硬性的规定。但是总体上来看，政府公布的环境信息更加倾向于全国或大范围的宏观范围的环境质量或环境污染状况，公众更加关注的、直接涉及其切身利益的相关环境信息还显不足，这在一定程度上弱化了公众参与当地环境治理的积极性和主动性。根据我国法律规定，政府仅负有公开生态及各生态因素基本状况、法律和政策的义务，对于公众日益增加的环境利益诉求的满足度明显不足。令人关注的是，少数地方政府的环境信息公开具有一定的选择性，即有报喜不报忧的现实主义倾向，对于环境损害、环境污染、

---

①　环境保护部：《环境保护公众参与办法》，http://www.zhb.gov.cn/gkml/hbb/bl/201507/t20150720_306928.htm。

生态破坏等侵害公众生态权益的“负面”环境信息进行一定的“技术处理”，减少或者规避这样的环境信息公布。事实证明，随着新媒体、自媒体技术的高度发达和广泛传播，公众对相关环境信息的知晓有了更多便捷的渠道。如果政府不能利用自身掌握的强大公共媒体资源及时进行环境信息公布，不能对公众舆论进行及时有效的引导和规范，势必会对公众环境参与形成不良导向，导致公众在是否参与、参与的形式和参与的环节等方面无法作出准确的判断，酿成无序公众参与事件也非危言耸听。因此，尽快健全环境信息公开机制，保证公众环境知情权的充分实现，是降低公众环境参与难度和成本，引导公众切实有效地进行环境参与的迫切的现实需要。

3. 公众生态环境教育机制不健全，公众环境参与意识薄弱，影响了公众参与环境治理的能力

在全社会开展环境教育，是提高公众生态环境意识，增强主动积极参与环境治理的重要举措。正如陶行知先生所言，“在学校中不能共同做事，一到社会也是不能的。所以要国民有共和的精神，先要学生有共和的精神；要学生有共和的精神，先要使他有共同的生活，有互助的力量。”《环境保护法》明确规定，教育行政部门、学校应当将环境保护知识纳入学校教育内容，培养学生的环境保护意识。因此，在学校的国民教育体系中，开展环境教育，培养学生的生态环境意识、提高他们在生态环境保护中的行动能力，促使学生在共同学习中提高与自然、与他人和谐相处的意识和能力，是非常必要的。同时，在全社会利用各种渠道和途径加强环境教育，也是重要的环境教育环节。在我国，国家通过制度或法律的形式，为所有公众提供不同层次、不同形态、不同类型的教育服务系统，是我国国民教育体系的使命所在。作为传播生态文明理念、提高公众环境意识和参与环境保护行动的有效手段，全社会的环境教育是公民素质教育的重要组成部分。

从社会环境教育实践层面看，还存在一些不足。校园环境教育缺乏体

系化和规范化的教育机制，并没有很好把生态环境教育尤其是生态环境理念培育融入教学大纲和教学计划中，教育形式多是既能起到简单知识普及作用的环境教育专题讲座、环保主题宣传活动等，环境教育存在被边缘化现象。这种形式较为单一、内容相对滞后的环境教育教学，无法充分激发学生的学习兴趣和热情，对于他们生态环境意识的培育及相关人文价值关怀的形成，都是不利的。另外，系统的环境教育课程的缺失，也与环境教育与学科教学融合度低没有形成完整的环境教育体系以及环境教育师资队伍不健全和专业人才缺乏密切相关。[①] 在社会环境教育方面，政府以及社会层面对公众参与环境治理的规范和引导力度不够，整个社会缺乏利于生态环境教育的大环境；生态环境教育涵盖的范围有限，亟须进一步拓宽。

（三）公众对环境治理中的新技术运用适应性不足，影响了参与的有效性

随着经济社会的快速发展，新技术在我国环境治理体系和治理能力现代化进程中开始发挥其越来越重要的作用。众多的新技术运用，为环境公众参与制度提供了必要的技术支撑和保障，但是，新问题也随之产生。

1. 网络领域的公众环境参与具有线上线下相结合的特征，地方政府和公众都需要尽快适应

网络技术的快速发展，催生了多样化、丰富化的公众环境参与手段和途径。借助网络平台表达环境利益诉求，或者是表达对有关部门公共环境决策的不满，或者是反对可能影响本地生态环境的大型项目建设，甚至利用网络空间的开放性、匿名性特征，在网络的线上线下对各种环境抗议活动推波助澜，是网络技术提供给公众进行环境参与的新途径。由特定环境议题尤其是邻避问题所引发的公众环境参与，可能起源于有关部门对具有

① 黄珊珊：《青少年环境教育现状及推进策略》，载《宁夏教育》2017 年第 12 期。

生态敏感性项目选址或建设，一旦经过网络空间的讨论，往往会出现放大效应，其表现是围绕特定环境议题的讨论超出原来的议题范围，网上围观和参与的公众也会大大超出特定环境议题的利益相关者范围，形成难以管控的跨区域、跨环境议题问题、跨参与主体界限的网络环境参与事件。

面对新媒体时代公众环境参与所表现出的行动线上线下相结合的新特点，地方政府和公众都表现出一定程度的不适应。对于地方政府来说，其延续多年的单向管制的惯性思维，难以应对网络空间中的公众环境参与的合理诉求和新的表现形式，对于特定环境议题甚至环境群体性事件背后的复杂的利益协调、决策程序和公众沟通等问题，不能进行有效的信息筛选和综合研判，难以判断和把握网络舆情的走向和态势，对于网络公众环境参与可能带来的社会影响和潜在危害估计不足。这就容易导致面对网络公众参与走向公众环境抗议行动而表现出手足无措，不会借用网络空间的技术优势进行管控和治理，而是更多倾向于采取简单生硬、缺乏弹性的压制手段平息公众的环境纷争，却往往激化了矛盾、埋下了隐患。对于公众来说，如果不能规避网络环境参与的盲目性和随意性，不能同政府一道，致力于从制度上改善网络空间中相互沟通与共同决策的方式方法，良好的互动、共商共建共享的环境治理格局也就无从构建。

2. 环境信息公开具有相当程度的复杂性和艰巨性，致使新技术在环境治理中的运用受到一定程度影响

虽然《政府信息公开条例》《环境信息公开办法（试行）》《环境保护法》等都有关于政府环境信息公开的相关规定，比如，各级人民政府环境保护主管部门和其他负有环境保护监督管理职责的部门，应当公开其获取或制作的所有环境信息，涉及国家秘密、商业秘密和个人隐私的信息除外；公开方式包括主动公开和依申请公开。但是在具体操作层面，政府、企业对环境信息的充分披露、透明公开，因为其复杂性和艰巨性而难以完全实现。比如，《环境保护法》规定，环境保护部负责发布关于国家环境质量、

重点污染源监测信息及其他重大环境信息；省级以上人民政府的环境保护主管部门依法定期发布环境状况公报；县级以上政府环境保护主管部门，要及时将群众关心的比如环境质量、环境监测、突发环境事件以及环境行政许可、行政处罚、排污费的征收和使用情况等信息依法主动公开，在社会诚信档案记入各单位环境违法信息并将环境违法者名单及时公布。然而在实际操作层面，个别部门和环境违法的企业会在有选择公布环境信息方面达成一致，其原因在于，环境违法企业担心企业形象受损和经济利益损失，政府部门担心招商引资和税收、就业等因素。这就导致环境信息的不完整和相关环境数据的缺失，对于特别依赖大数据的新技术运用来说，会造成重大影响。因此，只有政府将相关的环境信息在数字环保平台上进行公布，才能使环境治理中的新技术优势得以充分发挥，利于公众有序参与环境治理，最终推动环境治理现代化的顺利进行。无疑，在这个过程中，促进环境信息的全面合法公开，也是对政府信息管理能力、执行能力的重大考验。

3. 环境数据格式具有异构性，不利于公众及时有效获取相关环境信息

从技术层面来讲，政府的环境信息数据的来源具有多渠道、数量庞大且复杂的特征。尤其是环境信息数据分布于政府部门的许多系统之中，而且各个业务系统都拥有独立的业务数据库。在这些环境信息数据的业务数据库中，存在着极为复杂的数据模型、数据结构、数据格式等差别，导致了环境信息数据的“异构性”技术特点。这种环境信息数据的“异构性”，既包括不同环境管理部门所使用的不同数据库如 SQL Sever、Acess 及 Oracle 等系统之间的异构，也包括不同环境信息数据结构之间存在的异构特征。这种极为复杂的环境信息数据使用系统的异构性，造成了环境信息共享难度的加强。在目前区块链技术风起云涌之际，环境数据格式的异构性，也是必须解决的重大问题，否则将直接影响政府环境信息公开的客观性、准确性和系统性，既无法保证公众环境信息知情权的实现，也对

公众有序参与环境治理设置了技术障碍。

贵州是我国大数据研发中心，贵州省环保厅的环境信息数据处理拥有相当大的技术优势。近些年来，贵州环保厅使用自行建设或国家下发25个应用软件系统来进行环境数据处理。在这些系统的运行过程中，或者因与管理需求相差较大不能正常运行，或者因数据更新不及时不能充分发挥作用，出现了以下问题：这些系统数据重用性很大，同一套数据几个系统都有，但版本不一；系统结构差别显著，以至于系统之间不能直接进行数据交换；系统功能大多仅是本业务单位的信息查询，缺乏决策支持分析功能和信息共享和充分公开的功能；有些数据处理系统缺乏专职、专业人员维护，难以保证正常运行。[①] 可见，基于政府环境治理中这种环境数据格式异构性的影响和制约，各级环保部门实现公开透明、及时准确的环境信息公开，为公众环境参与提供相关环境信息服务，依然面临着亟须解决的技术难题。

4. 环境治理中的新技术尤其是数字环保技术运用，致使公众参与难度在逐渐加大

环境治理过程中新技术的运用，一定程度上加大了公众参与的难度。比如，公众要通过政府提供的各种数字环保平台进行环境参与，需要满足两个极为困难的条件：数字环保对于公众的友好性、公众对于数字环保的信息共享。原因在于，目前政府的各种数字环保平台过于专业，其环境数据的获得依靠遥感、GIS、环境监测等科技手段。对于多数参与环境治理的公众来说，这些高科技无疑是一道无形的门槛，增加了公众认知环境事务、读懂环境信息和数据的难度。面对这种困境，政府作出了很大努力，环境部门通过运用XML语言等手段对各个系统环境信息和数据进行了收

① 参见尹红、林燕梅：《数字环保维度的环境保护公众参与制度建构》，载《东南学术》2016年第4期。

集、整理和系统化整合，初步实现了各部门、各系统环境资源信息的共享服务。然而，要完成新时代环境治理现代化对于环境信息客观、真实、充分公开要求，实现环境信息的公开视图化、信息检索查询友好化、信息更新及时化，确保公众环境知情权的实现等，还有相当距离。①

另外，公众环境参与过程中表达权和参与权的实现，需要借助新技术平台尤其是数字环保平台，才能将其表达权和参与权体现在相关的环境信息之中。很明显的例子是，环境报告的形成，即使相关数据的获得需要访谈内容、调研内容等定性材料，但是数据结果则完全是依据仪器产生的数据，上述定性材料是无法体现出来的。从这个意义上来说，公众是难以参与到数字环保的信息收集与呈现之中的，当然也就无法体现公众环境参与的表达权、参与权和决策权。这对于鼓励、规范和引导公众积极参与环境治理、有效避免因环境问题而引发社会冲突、形成公众与政府的有效互动，无疑是非常不利的。

二、环境治理现代化进程中有序公众参与的路径选择

（一）政府应积极主动地进行公众参与的制度建设，坚持群众路线营造共商共建共享的环境治理体系

1. 赋予公众环境立法“参与权”，为公众参与权的实现提供法律依据和制度保障

作为公民的一项基本权利，环境权也是公众参与环境治理的法律依据与实现保障。促使整个社会保护生态环境，使人们有权享受良好的生态环

① 参见尹红、林燕梅：《数字环保维度的环境保护公众参与制度建构》，载《东南学术》2016 年第 4 期。

境，是确立环境权的目的所在。作为实体性权利，环境权规定了公众享有良好环境的权利、使用环境的权利。通过程序性的权利，作为实体性权利的环境权才能得以实现，即公众要实现享有良好环境权的目的，需要通过环境知情权、参与权、救济权等程序性权利才能逐步达到。因此，环境权也规定了公众对于环境问题的知情权、参与权和救济权等程序性权利。单纯强调其中任何一方面都是不全面的。[①] 可以看出，参与权是公众环境权的重要组成部分。公众真正拥有环境参与权，需要公众积极争取、不断提高环境参与能力，更需要国家通过立法等途径提供法律依据和制度保障。因此，在环境治理实践中，必须不断强化公众环境权从应有权利向法定权利、实有权利转变；在宪法中确立环境权的同时，通过单行法进一步展开和细化公众环境权，加快环境治理现代化进程，不断强化对公众环境权的维护，保证他们的环境诉求能够通过合法途径得到主张，促进社会和谐稳定。[②]

从环境立法实践来看，行政主体决定着公众立法参与权的实现程度。在环境立法中，公众处于被动地位，对于公众参与与否、参与方式以及意见建议是否被采纳等，通常由行政部门自主决定。例如，在环境立法征求意见的过程中，立法机关具有较大的自由裁量权，它可以对征求谁的意见、征求意见方式、是否征求意见等进行自由选择；环境立法是否能够维护公众的切身利益，是否需要征求公众意见，也是由行政机关判断和决定；公众对未来立法的需求、现行法律的优劣有切身体会，但很少能够提出实质性建议。因此，公众在环境立法中的建议权、表达意见权等应该有明确法律规定，使之切实成为法律保障的公众“权利”，实现真正意义上

---

① 李艳芳：《公众参与环境影响评价制度研究》，中国人民大学出版社 2004 年版，第 115 页。

② 《多位政协委员联名提案建议生态文明建设和环境权入宪》，载《中国环境报》2013 年 3 月 11 日。

的公众参与。

2. 政府科学环境立法与公众环境权益的互动生成

作为一项重要的公民权利，环境权越来越得到国际社会的认可。在《联合国人类环境宣言》《内罗毕宣言》《我们共同的未来》《联合国里约环境与发展宣言》等国际文件中，环境权利观念逐步深化。对于公民环境权的规定，有些国家以宪法文本的形式予以确认；有些国家通过制度设计或立法授权来确认公民所拥有的生态环境权利。我国把生态文明建设作为坚持和发展新时代中国特色社会主义的基本方略，并强调坚持和发展依法治国，法律作为社会一种调控手段，必须对公众环境权利问题做出及时、科学、有力的回应。①

习近平总书记指出："科学立法的核心在于尊重和体现客观规律"。②以人民为中心科学立法，是推进环境治理体系和治理能力现代化的必然要求。在环境立法过程中，要做到科学性与人民性的有机统一，即：坚持以人与自然和谐共生为价值追求；坚持党的执政方针工具理性与价值理性的辩证统一；坚持中国共产党对于真理性认识与价值性标准的辩证统一；坚持中国共产党执政"合目的性"与施政"合规律性"的辩证统一；坚持对公众环境权利、人民福祉的维护和观照。③习近平总书记指出，"社会治理模式正在从单向管理转向双向互动，从线下转向线上线下融合，从单纯的政府监管向更加注重社会协同治理转变。"④公众珍视并积极合理行使环

① 参见陈文斌、王晶：《多元环境治理体系中政府与公众有效互动研究》，载《理论探讨》2018 年第 5 期。

② 全国人大常委会办公厅、中共中央文献研究室：《人民代表大会制度重要文献选编（四）》，中国民主法制出版社、中央文献出版社 2015 年版，第 1794 页。

③ 陈文斌、王晶：《多元环境治理体系中政府与公众有效互动研究》，载《理论探讨》2018 年第 5 期。

④ 《习近平关于城市工作论述摘编》，中央文献出版社 2023 年版，第 111 页。

境权利，政府提供有力的法律保障，鼓励、规范和引导公众参与到建设项目的立项审核、实施监管、竣工验收等环节之中，并取得实实在在的参与效果，对于促进政府科学环境立法、推进环境治理体系和治理能力现代化意义重大。具体来说，政府要实现环境立法科学，需要做到：其一，主动积极推进环境立法工作，坚持适度超前、稳中求进的立法进度，坚持充分发挥激励引领作用的立法导向，在把握环境立法的规律性、制度性上下足功夫。其二，不断完善环境司法和执法制度建设，以推进环境资源审判专业化为导向，在专门环境审判机构设置、专业化环境法官队伍建设方面持续加力，渐次推进环境司法体制综合配套改革，努力增加人民群众参与环境治理的获得感、满足感、幸福感。

3. 环境立法实践中需要注意的几个具体问题

（1）加强信息公开，确保立法透明。其一，在环境立法过程中，普遍、真实、全面、透明地公开立法的各个环节，是非常必要的。立法规划制定方面，公布规划草案听取公众意见和建议；立法起草阶段，充分听取公众对法律草案的看法以便广泛汇集民意；立法提案阶段，要扩大立法主体范围；立法审议阶段，采取媒体宣传、立法听证会等多种扩大公众参与；法案表决阶段，要允许公民旁观并在电视和电台转播全过程；法律公布阶段，要公布法律文本和立法会议的议事纪录。其二，立法信息、立法过程公开等制度的构建，也是强化公众参与的重要途径。建立环境立法信息公开制度以保障公众的信息获取、建立立法公众参与制度以保障公众参与政府环境立法、建立信息反馈制度以保障对于来自公众意见的公开反馈、建立监督责任制度以保障对违反程序的政府机构的责任追究、完善行政复议和行政诉讼制度以保障对于违反信息公开的立法行为的法律制裁等。总之，通过上述规范完善的制度规范以保障公众在环境立法实践中的参与权。

（2）立法代表遴选机制和参与规则制定的科学性。选取部分代表而不是全部代表参加听证会、出席座谈会或者问卷调查，是环境立法实践必须遵循的原则。建立科学、完善的环境立法代表遴选机制和参与规则，对于保障公众的环境权利公平行使、对于环境立法的代表性和科学性，都是至关重要的。这就要求进一步细化参与者的产生程序、征求意见的公告时间、回复意见的时间等相关规定。其一，立法参与人的选取选范围要广，应尽可能代表不同利益阶层，以保证不同群体所提意见的客观、公正、全面。其二，政府可采取向社会公告的形式，邀请有立法参与意愿和能力的公众参与环境立法。鉴于环境立法的专业性、科学性要求和工作的参与意愿等原因，应当允许参与人代理人代为参加，也可以考虑与立法机构利益对立的公众参加并充分考虑其意见。其三，要高度重视立法听证过程中征求意见公告时间、反馈意见时间的安排是否够用、是否合适、是否科学，它将直接关系到公众在环境立法中意见表达的效度。

（3）公众参与环境立法需要相应的信息网络技术支持。伴随着信息技术的快速发展和空前传播，对公众参与环境立法也提出新的挑战。如何适应网络社会的诸多新技术、更好地实现环境立法参与权的实现，需要政府提供相应的信息技术支撑，建立完善的环境立法信息系统，不断加强信息化网络建设。在环境立法实践中，虽然许多地方政府在法制办网站或法制信息网站中设立了公众环境法案意见征求专栏和环境立法项目建议专栏，但从总体上来看，数量不足、作用发挥不够的问题仍然突出。为了给公众参与环境立法提供更多更优质的服务，要建立完善的环境信息发布平台、公众环境立法参与信息平台和公众参与立法信息收集反馈平台，同时要不断强化上述平台在通告发布、评论收集、意见反馈、信息储存等方面的功能发挥，提高政府部门网络信息化含量、信息网络水平和驾驭网络信息的能力，实现公众环境立法参与的方便、快捷、有序。

（二）强化环境执法过程中的公众参与，增强公众环境参与的获得感幸福感

行政权力在当前的环境执法中占有主导地位，公众则在很大程度上以行政相对人、被管理者的身份出现，这影响了公众参与环境保护的积极性。① 实践证明，如果不依靠公众积极主动的参与，仅通过政府部门动用行政手段进行自上而下的环境治理，难以推动建立真正意义上的环境治理现代化体系。目前，环境执法过程中公众参与方面的立法还比较笼统，不利于公众行使环境执法的参与权。要实现公众参与环境保护真正的发展，必须从法律上解决参与应作为政府决策和智力程序过程的刚性制度问题。②

1. 进一步完善环境信息公开机制，为公众环境参与提供理性基础

公众参与环境治理的前提基础是能够获取足够的环境信息。政府所提供环境信息的开放程度、所规划参与途径的畅通性，将对公众参与的意愿和能力产生直接影响。同时，如果公众无法及时、准确地获取相关环境信息，公众环境参与的质量成效将大打折扣。近年来，公众高度关注空气质量，政府及时、准确地对 $PM_{2.5}$ 进行检测和信息发布，不仅可以提升政府公信力，也有助于公众了解当地空气污染的程度，有助于公众客观公正地评价环境质量，有助于优化政府和公众的互信互动。因此，主导建构一个容纳检测机构、媒体、企业、社会组织和公众在内的环境信息公开机制，及时、准确地公布事关公众生命健康及发展的各种环境信息，是各级政府义不容辞的责任，也是法治政府、服务型政府建设的必然要求。各级政府

---

① 王灿发主编：《北京市地方环境法治研究》，中国人民大学出版社 2009 年版，第 176 页。

② 蔡定剑主编：《公众参与风险社会的制度建设》，法律出版社 2009 年版，第 23 页。

对当地水、空气、土壤等环境信息的及时公开，对相关企业排污状况、污染源分布治理情况的权威解读，可以帮助公众实现对环境信息掌握的及时性、全面性和准确性，这有助于公众合理认知自身环境利益诉求与政府努力方向的一致性，使环境参与更具有针对性、有效性。国家环保部发布的《环境信息公开办法（试行）》《企业事业单位环境信息公开办法》等文件规定了政府和企业环境信息公开的范围、方式和程序、监督和责任、奖惩等。新《环境保护法》规定，政府要加大环境执法力度，促进环境信息公开制度化，为公众环境参与提供理性基础。

通过不断完善环境信息公开机制，对生态环境污染者施加压力，有助于公众参与环境治理热情的提高、成效的提升。实践证明，建立环境状况知情机制，加大环境信息的公开力度，增加政府环境决策和环境执法的透明度，对于公众有序参与环境治理意义重大。其一，不断强化环境信息公开平台建设。加强数字环保建设是当务之急，必须加快建立环境质量、污染源信息查询平台，方便公众及时便捷地查询区域环境质量、企业污染治理情况等环境信息。其二，建立科学客观的企业环境信用等级评价制度。对广大公众及时客观地进行企业环境污染状况、政府环境执法动态等方面的环境信息公开，方便公众对政府环境执法行为和企业违法排污行为的监督，强化公众的环境治理参与权实现。

2. 提升政府在环境执法过程中与公众互动的主动性，为公众环境参与提供政治基础

新时代环境治理体系和治理能力现代化过程中，政府是主导者，起着决定性作用。政府是否能够采取主动的姿态对待公众参与，决定着公众环境参与的走势、形式、成效。在环境执法过程中，各级政府机关不仅要改变传统理念，鼓励、引导和支持公众参与，并使之取得实实在在的成效。其一，尽快建立并使用好各级政府的环境举报受理平台的作用，实现各级部门处理环境违法行为快速联动。比如，环保“12369”举报电话、环保

网络平台等是政府获取环境违法信息的重要平台，也是公众环境参与的有效渠道，对于及时查处各类环境违法行为、提高环境执法工作的社会公信力和环境执法威慑力有着不可替代的重要作用。因此，建好用好这类平台并不断完善公众举报环境违法奖励制度，鼓励公众积极参与环境执法并提高执法效能。其二，重视并发挥好各类新闻媒体的功能，建立和完善环境执法与新闻媒体密切配合、有效联动的机制。各级政府环境部门要高度重视围绕公众所关注的环境议题，建立起与各类新闻媒体尤其是新媒体的定期沟通机制，借助现代媒体的强大力量，鼓励、引领社会媒体参与环境执法，充分及时传播正能量。其三，不断优化环境法制宣传工作，建立并完善政府环境执法与公众参与宣传的联动机制。从一定意义上来说，各级政府进行环境执法，其实也是在宣传环境法制。为此，各级政府要主动实现环境执法工作与公众宣传的有机对接，调动公众参与环境法制的讲解、宣传工作，与社会公众和行政相对人密切沟通并取得他们的理解和支持，从而使工作化被动为主动，在提升公众环境参与效果的同时，也推进了环境执法工作的顺利开展。

3. 进一步创新公众参与形式，不断拓宽参与的范围和渠道

公众参与的范围和程度选择取决于公共决策的需求状况。公众参与环境治理尤其是环境执法要注意受拘束、规章和预算约束的政策质量，以及涉及公众对公共政策的可接受性或遵守程度。公众参与的范围和程度选择取决于最终决策中政策质量要求和公众接受性之间的平衡。① 在环境执法中需要不断创新公众参与形式，拓宽公众参与范围和渠道，需要注意以下两点：其一，参与公众类型不同，参与途径也应有所区别。环境执法过程中，参与执法监督的公众有多种类型，因此，实现公众参与效能最大化就

---

① ［美］约翰·克莱顿·托马斯：《公共决策中的公民参与》，孙柏瑛译，中国人民大学出版社 2010 年版，第 25 页。

要根据具体情况选择适宜的公众参与途径，以便最大限度地提高公众环境参与的有效性。其二，公众参与环境执法的意愿、能力和效果需要综合考虑。参与环境执法的各类公众，因其存在不同的利益相关性考量，参与能力、意愿也各有差异。比如，专家特长的发挥，更多是出现在专业性较强的环境执法领域；专业性协会则通过专业性问题的辩论，针对某一类专业性环境问题发出理性声音，引导公众着眼长远公共利益。从环境执法的实践来看，环境执法机关要改变以往对公众参与漠然处之的做法，积极主动了解、顺应和支持公众的环境执法参与权的实现，关注公众参与环境治理的合理诉求，采取有效措施与公众进行平等对话、拓宽参与渠道，不断将公众参与环境执法的热情转化成环境治理的推进力量，促进环境执法在集中民智、体现民意、凝聚民力等方面实现新的突破。同时，对座谈会、通报会、听证会等参与方式，要进一步细化和完善相关法律规定，积极探索市民点单执法、陪审团参与行政处罚等新形式。

4. 鼓励、规范和引导环境保护 NGO 参与环境执法，促进公众环境参与环境执法的组织化、集成化程度

环境执法是一项综合性工程，涉及面很广，包括法律规定适用、环境专业知识等。对于参与环境执法的公众个体而言，获取环境信息、熟悉法律规定、了解专业知识、实现利益诉求等方面，既存在异质性，也有很大的局限性。作为专业性、组织化的机制和平台，环保 NGO 组织拥有相对优势的资源，能够在很大程度上弥补公众的不足。环境保护 NGO 因其专业性强、组织化程度高，在环保领域具有一定的权威性和公信力，其作为沟通政府、公众、企业的桥梁和纽带作用不可替代，在环境执法中发挥积极的促进作用。各级政府要转变思想观念，按照新时代环境治理现代化的要求，切实将各类遵纪守法的环境保护 NGO 作为合作伙伴，对其进行规范、引导和培育，给予其独立性，激发其活力，增强其参与环境治理的

能力，充分发挥其环境协商中的作用和功能。① 在环境执法实践中，各级政府充分发挥环保 NGO 在创新社会管理中的作用，引导它们不断加强自身建设、增强服务社会能力。为此，各级政府可以采取各种行之有效的措施，通过提供资金、政策、途径等给予其必要的支持、引导和扶持，营造有利于其发展的制度环境，有计划、有重点地培育和发展一批能够积极参与环境治理的环保 NGO，充分发挥其在环境执法监督和环保公益诉讼等方面的积极作用。通过对环保 NGO 的支持、规范和引导，政府就可以将公众对环境问题的关注、意愿和诉求纳入制度化、有序化的公众参与轨道，使之成为推进环境执法、推进环境治理现代化的积极力量。

（三）推动环境治理新技术运用与公众参与相互促进、相得益彰

1. 推动多学科整合视角下“数字环保”技术平台建设，为公众参与提供及时、充分、有效的环境信息

在新时代环境治理进程中，如何解决公众参与环境信息不对称的难题，关系到公众参与的积极性、主动性和成效如何。目前来看，政府公开的各类环境数据多来自环境科学、生态科学、地理科学等定量的自然科学领域，专业性强，工作难以理解其中所蕴含的环境信息。相比而言，公众比较容易理解和接受的社会科学中的环境信息，比如来自法律科学、管理科学、民族科学等定性分析的环境数据比较缺乏，致使公众参与环境治理过程中出现获取信息的不对称，不利于公众积极投身到环境治理之中。比如，政府相关部门对建设项目进行环境影响评价，包括征地拆迁、移民安置、人文景观、人群健康、文物古迹、基础设施等方面，是包含社会多个层面的系统性环境影响评价。但在具体操作层面，往往强调项目建设对自然生态

① 参见张保伟：《公众环境参与的结构性困境及化解路径——基于协商民主的视角》，载《中国特色社会主义研究》2016 年第 4 期。

环境影响，却在一定程度上忽视了对当地文化、社会的影响。

对于环境影响评价，国际法层面有着较为明确清晰的规定，《生物多样性公约》（2004）第七次缔约方大会通过的阿格维古自愿性准则就是这方面的典范。该公约规定，要对建设项目进行综合的文化、环境和社会影响评估，尽可能避免或减轻开发项目建设所带来的不利影响，其针对对象主要是在公众居住的地方社区或在其使用的土地和水域上进行的开发活动，也包括可能对这些土地和水域产生影响的开发活动。[①] 该准则建议公约各缔约方根据各自国情，制定符合实际情况的政策法规，在充分尊重、保护当地公众参与权利的基础上，进行必要的建设项目环境影响评价。相比于该准则，我国环境影响评价还有一些不足，比如：在环境影响评价的技术体系中，对价值、信仰、宗教等隐形文化要素的调查比较缺乏；对传统遗传资源、惯常利用的生物资源以及神山圣境影响的调查相对较少；对社会组织结构和传统生产生活方式的调查还很不足。其必然结果是，公众环境参与的信息缺失和不对称就难以避免，公众参与效果不甚理想。[②] 因此，在新时代环境治理现代化进程中，必须高度关注新技术运用与公众参与的互联互通，综合运用交叉学科、系统思维进行合作调查，将人类学、民族学、社会学、法学、管理学等社会科学研究方法，有机融入自然科学研究方法，科学分析环境治理过程中所关涉的社会生态系统的可持续发展，从而为公众有序参与环境治理提供客观、科学、透明的环境信息。为此，各级政府对“数字环保”技术平台的建构，必须运用系统科学思维对多学科环境数据和环境信息进行科学整合，使公布的各类环境信息不仅具有科学性，也要以符合公众认知的特点和形式表现出来，以利于公众便捷

---

① 尹仑、薛达元：《民族生态政策的概念和构建》，载《思想战线》2014年第1期。

② 尹红、林燕梅：《数字环保维度的我国环境保护公众参与制度建构》，载《东南学术》2016年第4期。

高效地参与环境治理。

2. 建立健全生态环境法庭司法机构，注重运用新技术优势，完善公众环境参与的司法救济机制

新时代环境治理现代化强调党委领导下的社会多元共治，传统思维中的单一政府部门通过自身行政手段进行环境治理已经完全不符合时代要求。在新时代多元共治的环境治理体系中，党的领导是关键，而行政系统和司法系统扮演着极为重要的角色。公众参与环境治理时，经常会遇到其环境知情权、表达权、参与权、监督权受到侵害的情况，这时候司法救济制度就显得格外重要。近年来，我国环境法庭建设进入了快车道，并且得到了司法系统的高度重视，为维护公众环境权利提供了重要的机制保障。然而，在具体的环境司法救济中可以看到，尽管从最高人民法院到地方各级法院都在积极成立环境资源保护审判庭或者生态环境法庭，但是作为新生事物的环境法庭还有种种不足需要克服。比如，制约环境法庭发展的重要因素之一是专门司法人员少、专业能力不高；由于对环境法庭和司法体系缺乏正确认识，导致公众更易于通过上访、抗议等非制度化参与形式谋求其环境利益诉求的实现。[①] 这就要求各级政府积极引导群众以司法途径实现多样化的环境利益诉求，通过合法渠道维护自己的环境权益。

目前，环境治理中的新技术运用日益增加，其作用发挥也越来越受人关注。在这种情况下，加快环境法庭建设、提供充足的环境司法能力以促进环境司法便利性固然重要，强化新技术运用在司法救济中的角色和作用也日渐迫切。处理那些涉及社会、生态环境、经济等多个层面的环境案件，需要协同运用自然科学和社会科学的专业知识来进行证据判

---

① 参见尹红、林燕梅：《数字环保维度的我国环境保护公众参与制度建构》，载《东南学术》2016 年第 4 期。

读，区块链技术、大数据技术等的日益成熟以及在环境治理中的快速运用，为各部门共享环境信息、综合研判疑难环境数据提供了强有力的技术支持和保障。为此，在已有环境立法和司法解释基础上，需要相关部门系统性分析重要环境案件所涉及的各种数据证据，从中发现因果关系和逻辑线索，为各级司法人员在环境法庭上开展工作提供精准的参照依据。这方面，要重视发挥第三方科学评估机构和专家的专业特长，对于环境司法审判中出现的各类环境数据等证据进行科学解释，或由第三方科学检测机构进行环境数据信息收集、整理和综合研判，并将其作为环境司法救济的重要依据。对于公众来说，环境治理涉及生态科学、环境科学和社会科学等多个专业领域，要想更有效进行环境参与或更好保障自身环境权益，就要积极学习和掌握各种收集环境数据资料的新技术如测量水质或大气污染的技术能力等。可见，合理运用新技术优势，完善公众环境参与的司法救济机制，是保护公众环境参与权利得以实现的重要因素。

（四）我国环境治理现代化进程中的有序公众参与：政府要与公众一起成长

当代中国，正处于社会转型与改革时期。在具体的“政府—公众”博弈过程中，政府与公众分别扮演着不同的角色，发挥着各自不可取代的作用。政府由于拥有较多的资源，尤其是长期形成的行政惯性，在“政府—公众”博弈进程中占据主导者的角色；公众则由于其参政意识、参政能力以及参政渠道等原因，在这一进程中处于相对被动的地位。同时，政府也应充分意识到，随着政治体制改革的深入推进，鼓励、引导、规范公民的有序参与，业已成为社会发展的必然趋势。为此，政府及其官员必须也必然要直面公民参与不断增强的趋势，认真考虑公民的诉求，积极回应公民发出的声音，走到前台与公民互动——实现“政府和市民在一起成长”。[①]

1. 我国环境治理现代化的理念革新：“人本主义”的思维方式[②]

事实证明，在中国长期存在的传统发展观，已经成为制约中国走向生态文明的重要因素。因此，建立同时关注人类发展和自然环境的更加和谐、超越“人类中心主义”的崭新思维方式——可称之为“人本主义”的思维方式，就成为当代中国实现生态现代化的必然选择。所谓“人本主义”的伦理观或思维方式，它强调，一方面，承认自然对人类社会生存和发展的本源意义，把遵循生态规律作为人类经济活动的基本原则；同时承认生存和发展是人类的基本权利，认为保护自然实质上就是保护人类自身，倡导人与自然的和谐共存与共同演进。另一方面，它把人与自然的伦理关系转化为以环境为中介的人与人的伦理关系，提出环境公正这一反映了通过环境引发的现代社会伦理危机的严重性，指出问题不在于人类应不应该对自然负责，而在于人类成员之间应不应该承担彼此的环境责任；它不仅要求消除阶级、种族和国家间的环境歧视，而且要求当代人和后代人平等地分配环境利益和负担。从本质上来说，“人本主义”的思维方式，是从人的实际需要和可持续发展出发，把人与环境之间的伦理升华为人与人之间的社会伦理，从而激发起人类保护环境、自觉主动地协调人与自然关系的情感诉求。[③] 因此，这种新的思维方式要求人类的一切活动都必须放在自然界的大局中考量，按自然生态规律办事。经济社会的发展，既要考虑人类生存与繁衍的需要，又必须顾及生态、资源和环境的承载力，以实现人

---

① 参见孙柏瑛、杜英歌：《地方治理中的有序公民参与》，中国人民大学出版社 2013 年版，第 79 页。

② 参见王宏斌：《生态文明与社会主义》，中央编译出版社 2011 年版，第 162—165 页。

③ 参见黄海峰、刘京辉等编著：《德国循环经济研究》，科学出版社 2007 年版，第 176—177 页。

与自然和谐，发展与环境同步和双赢。

从本质上来看，这种“人本主义”的生态文明观与生态现代化理论具有内在的同一性。同时，从中国的生态文明建设实践来看，这种“人本主义”的生态文明观已经开始贯彻到党和政府的环境理念之中。简要地说，这就是：第一，“以人为本”和“服务于绝大多数人的基本需要”的价值追求，逐渐开始成为统领经济与社会发展战略的第一政治准则；第二，在转变经济发展方式、更加关注民生的政策指引下，生态可持续性终将取代经济发展成为各级政府的首要政策目标；第三，人民的健康生活而不是资本的赢利，将成为社会生产活动的根本目的和动力机制；第四，对区域间、城乡间环境公平的关注，对社会弱势群体利益诉求的制度性保障，真实体现了社会主义公平正义原则。

2. 我国环境治理现代化的主体变革：政府主导下的多元治理①

从中国处理自然环境与经济社会发展关系的实践来看，长期以来政府一直扮演着“主导者”的角色，也就是说，中国政府在干预环境保护、促进人与自然和谐相处方面发挥着不可替代的主导者作用，这是中国走向生态文明之路不可忽视、也不可放弃的优势所在。这是因为，中国有一个凝聚力强的中央政府，它掌管着相当数量、足以决定国家发展和未来命运的各类资源，而且中国有着思想教育的传统和巨大的无处不在的网络，同时，中国公众的生态意识相对缺乏，手中掌握的资源相当有限，在遇到包括环境问题在内的社会问题时，公众往往最先想到、最为依赖和信任的还是政府，宁可把自己的决策权交给政府来行使。这就造成了中国政府在处理包括环境问题在内的几乎所有社会经济等问题时不可替代、也不可推卸的“主导型”责任，同时也使中国公众逐渐形成了对政府决策的“依赖型”

① 参见王宏斌：《生态文明与社会主义》，中央编译出版社 2011 年版，第 173—176 页。

心理。因此，在这种特殊的国情之下，中国是否能在生态现代化建设的事业中取得成功，政府的作用是最为关键的。

同时，我们也要看到，随着中国经济的迅猛发展，环境问题日渐严重，各界群众的环境参与意识和热情也空前高涨。因此，在坚持“政府主导”生态文明建设的同时，我们还要积极借鉴发达国家生态现代化建设的有益经验，合理引导并充分发挥包括群众以及各类环境NGO等在内的市民社会的环境热情和巨大能力，逐渐形成政府主导、多元参与的生态治理格局，这是实现中国的生态现代化重要保障。从现实来看，在国家的扶持下，各种形式的国内民间环境组织大量建立起来，许多有着复杂国际背景的国外NGO也开始参与到中国环境治理中来。必须承认，它们出谋划策、积极参与地方的环境保护，协同地方政府做了大量有益的工作。但另一方面，“非政府组织日益面临着机构庞杂、制度混乱等管理问题，这造成了非政府组织治理效率的下降，也影响了成员对其的信赖”。[①] 同时，良莠不齐的各种NGO和基层群众团体在参与地方环境治理的过程中，难免与政府在利益分配和治理方式上发生一定冲突，各级政府如果不善加引导，合理排解矛盾，很可能会因为一些意外事件而导致重大的政治和社会后果。因此，国家在大力发展群众积极参与国家环境综合治理的过程中，一方面要坚决尊重群众关心国家环境治理以至国家未来命运的合理诉求，同时，也一定要有坚定的原则性和灵活的策略，同人民群众一道，为中国建设生态文明的伟大事业共同努力。

3. 新型互动关系中政府的理性选择

为了实现政府与公众的共同成长，国家应基于一定的策略需要来应用公众参与。这一过程中，党和政府自身应该不断深化体制改革，以“规

① 张骥、王宏斌:《全球环境治理中的非政府组织》，载《社会主义研究》2005年第6期。

范性作为”带动公众进行合法有序的环境参与，实现政府与公民良性互动。

其一，不断增强政府组织的包容性，为包括环境领域在内的公众参与建立更为坚实的制度基础。各级政府和相关部门要不断致力于造就更负责任、更加开放透明、更加法治廉洁的政府体系，不断增强政府组织的包容性，为包括环境领域在内的公众参与建立更为坚实的制度基础。法治政府构成公众环境参与的法律基础、责任政府使政府建立起接纳公众环境参与的信心和勇气、服务政府尊重了公众的环境参与权益、透明政府则确立了互动的信息条件。只要各级政府能够秉承这些价值观并依此采取相应行动，就可以极大推动公众环境参与的合法有序发展。

其二，政府自身应该不断深化体制改革，规范政府行为，提高管理水平。转型期的非制度化环境公民参与，多与少数地方政府领导或管理者严重脱离群众、作风漂浮、工作方法简单、官僚作风和腐败现象有关。[①] 各级党政组织和相关部门要切实深入群众，及早发现和解决问题；要严格按照党的方针政策办事，而不是回避问题、推脱扯皮；要把群众利益放在首位，使他们有更多的获得感。那么，群众就会有更高的公民素质和政治觉悟，类似“邻避效应”[②] 这样的具有政治化风险的非制度化公众参与就会

---

① 麻宝斌：《中国社会转型时期的群体性政治参与》，中国社会科学出版社 2009 年版，第 274—277 页。

② 环保领域经常出现的邻避效应（Not-In-My-Back-Yard，音译为“邻避”，意为“不要建在我家后院”）即是一种非理性、非制度化环保公民参与。当居民或当地单位因担心建设项目（如垃圾场、核电厂、殡仪馆等邻避设施）对身体健康、环境质量和资产价值等带来诸多负面影响，极有可能激发嫌恶情结而采取高度情绪化的集体反对甚至抗争行为。“只要不建在我的后院就行”，“凭什么由我们来承担应该整个社会承担的后果”，这些都是在缺乏社会责任感时可能出现的狭隘观点。在基层社会政治中，这些观点易于获得群众支持，并可能被一些基层政治人物所操纵，从而使环保公民参与产生政治化的风险。

大量减少甚至不会发生，公众的环境诉求就会得到有效疏导甚至满足，良好的互动关系就会水到渠成。

其三，完善相关法制建设，规范公众的环境参与行为，为公民参与国家环境治理提供合法性来源。近年来，我国政府颁布施行了各种有关公众参与政府环境决策的法规和文件，尤其是新《环境保护法》和《环境保护公众参与办法》的施行，不仅体现了政府对公众参与环境的承认，也提供了参与的程序、方式与方法。此外，党和政府还要通过相关法规的制定赋予非政府环境组织存在和开展活动的合法性与独立性，使其能够更便捷、更积极地参与相关政府环境决策。这些措施的施行，可以在相当程度上融洽政府与公众及其组织的关系，沟通双方之间的感情，增进彼此间的互信，从而有利于环境公众参与的制度化、规范化。

其四，采取合理措施，积极应对各种类型的非制度性环境参与事件。各级政府和相关部门的“规范性作为”，对于公众环境参与的方向、范围、转向等起到重要的影响作用。在剧烈的社会转型期，可能会有一些人、一些组织打着环境参与的旗号，利用政治敏感度较低的环境议题为突破口甚至“保护伞”，将正常的环境公众参与逐步政治化，将一般的环境问题上升为政治问题，从事危害社会稳定的阴谋活动。针对这种情况，政府应进行理直气壮的坚决斗争并对其进行必要的规范和引导，将其纳入制度化的政治范畴。

其五，党和政府应该与时俱进地创新环境治理体系，不断将来自民间和公众的环境参与热情与能力纳入制度化轨道。通过稳定连续的政治发展途径，将参与者有机地吸纳到制度框架内，纳入常规的公共政策制定和执行过程中。“这不仅提升了政府决策和公众参与行动的合法性，而且更成就了公众——政府之间长期的、可预见的互动关系模式，有助于明确界定参与进程中彼此的角色，发挥并塑造和谐的参与价值观，不断强化官民之间的信任”。[1]

4. 新型互动中公众的积极成长

政府主导型的中国环境治理所造成的“政府依赖症”，不仅在相当程度上制约了公民意识与公民参政议政能力的培养和提高，也深刻影响了公民参与的深度和广度。公民对自身身份和角色的认同程度，很大程度上决定了其参与环境治理的积极性和自觉性。培育“积极的公民资格”，[2] 促进新型互动中公民的健康成长，紧迫而又重要。

其一，积极公民资格的表现。首先，积极公民资格表现为公民在环境治理中积极主动地参与。依据主体的参与态度，可以将公民参与分为自主参与和动员参与。公民为了争取、实现和维护自身环境权益，有意识地主动参与公共决策和公共事务管理，这种自主性的公民参与就是积极公民资格的生动体现。这种积极的公民资格，是利益驱动下公民主动介入政治生活中，实现利益表达和利益的维护。它是稳定、一致和持续的，遇到障碍能够积极克服，因而参与效果较为明显。[3] 在现代环境治理中，公民的角色不仅体现为公共环境事务的“被动”投票者，更应该体现为社区决策和

---

① 孙柏瑛、杜英歌：《地方治理中的有序公民参与》，中国人民大学出版社 2013 年版，第 17—18 页。

② “积极的公民资格”是近年来治理理论发展中的一个重要概念范畴。安东尼·吉登斯等认为，积极的公民资格是有效回应全球化和信息化时代的新要求，是解决时代问题所不可绕开的关节点。“在全球化过程中，权利下移的压力不仅使得超越于传统代议制选举的民主形式的出现和运用成为可能，而且成为一种必然。政府可以通过一系列的民主实验，重建更加直接的政府与公民、公民与政府之间的联系和接触。这些实验包括地方直接的民主，电子化平台，市民的陪审制度以及其他各种可能性”。参见［英］安东尼·吉登斯：《第三条道路：社会民主主义的复兴》，郑戈译，北京大学出版社 2000 年版，第 11 页。

③ 参见王维国：《公民有序政治参与的途径》，人民出版社 2007 年版，第 105 页。

公共环境事务的积极行动者。作为积极参与社区环境治理的不可或缺的主体，积极公民资格得到彰显。其次，环境治理中积极公民角色的具体角色。按照积极公民资格的理论观点，在新型互动中，公民可以体现为七种积极角色：国家、地方政治领导人或者民意代表选举的投票者；法定权力框架下合法利益的表达者；重大环境事务或决策的影响者和知情者；政府供给的基础公共服务的享有者；地方或者社区环境事务的自主管理者；社区共同体生活中善治的实现者和维护者。①

其二，积极公民资格的塑造：教育和学习在积极公民资格的理论视野中，要实现转型期环境领域的良性互动、推动政府治理与公民治理的共同发展，与时俱进的公民性“启蒙”教育、公民在政治参与实践中的持续学习，缺一而不可。换句话说，公民参与的实质就是在实践中的学习和实践中的成长。

首先，积极公民资格的塑造，需要来自政府的公民教育。从本质意义上来讲，政府通过多种渠道、多方面内容的公民教育，在建立起符合国家发展需求的公民意识和公民精神的基础上，构建起一个国家基本意义上的“国民精神”。同时，富含公共观念、独立判断思维方式的主体性人格塑造，也是公民教育必不可少的重要内容。这样，公民参与公共生活（包含公共环境事务）的社会基础就会逐渐形成并发展起来。从教育理念来看，政府应突破传统思维，结合转型期社会的具体特征，更多赋权给社会，积极塑造符合社会发展需求的积极公民；从教育方式和手段来看，政府应该积极创新教育模式，利用多种渠道、打造各种平台，在公民成长和发展的各个阶段、各个环节中持续进行卓有成效而又符合时代要求的积极公民人格教育。

---

① 七种角色划分借鉴了孙柏瑛、杜英歌的相关理论，详见《地方治理中的有序公民参与》，中国人民大学出版社 2013 年版，第 68—71 页。

其次，积极公民资格的塑造，也需要公民的积极主动学习。从学习前提来看，公民已经具有一定水平的自主性和参与要求，同时，在社会生活中已经启动一定形式的公民参与实践；从学习要求来看，公民在面对具体的参与环境时，通过对现实问题的回应，通过与利益相关方尤其是政府或企业的利益博弈、对话、关系调整、斡旋等，掌握互动的本质和具体要求，学习并拥有相关的参与技能精髓；从学习内容来看，包括如何应对共同的环境问题或处置环境危机并在关键问题上达成共识，如何通过对参与各方的了解与分析以达到求同存异和描绘共同愿景的目的，在多元利益博弈中学习参与、对话、妥协的技巧以保证参与行动的顺利进行，通过在参与者塑造公民精神来持续拓展宽容、相互尊重与谅解和互助的公民人格；等等。①

总而言之，“公众参与从根本上改变政府传统的获取民意方法，由封闭转为公开透明，由政府和官员主导一切变为公众能主动参与，特别是利害相关人有权参与……从而使决策和管理变得更加科学、客观和反映民意。公众在公共决策和治理过程中也能有相当大的主导作用，因而官员不能主导一切。这是公众参与最大的功效”②。只要作为主导方的政府能够正视而非回避环境问题的严重性和危险性，能够采取适当的措施正确对待公众的环境参与诉求而非刻意回避，能够充分尊重公众的环境知情权、监督权和参与权，创造尽可能畅通的参与途径并使之日常化、制度化；作为参与方的公众能够本着主动负责的态度积极参与环境治理，并与政府形成良性的互动关系，那么，互利共赢的新型互动愿景一定可以早日变为鲜活的现实。

---

① 参见孙柏瑛、杜英歌：《地方治理中的有序公民参与》，中国人民大学出版社2013年版，第76—78页。

② 蔡定剑主编：《公众参与风险社会的制度构建》，法律出版社2009年版，第19页。

参考文献

（一）中文专著、文集

中共中央马克思恩格斯列宁斯大林著作编译局编译：《马克思恩格斯文集》（1—10卷），人民出版社2009年版。

中共中央马克思恩格斯列宁斯大林著作编译局编译：《列宁专题文集》（1—5卷），人民出版社2009年版。

俞可平主编：《治理与善治》，社会科学文献出版社2000年版。

俞可平：《论国家治理现代化》，社会科学文献出版社2014年版。

俞可平主编：《推进国家治理与社会治理现代化》，当代中国出版社2014年版。

俞可平：《敬畏民意——中国的民主治理与政治改革》，中央编译出版社2012年版。

俞可平主编：《中国治理评论（1—5）》，中央编译出版社2011—2015年版。

俞可平：《国家治理评估——中国与世界》，中央编译出版社2009年版

曲格平：《中国的环境与发展》，中国环境科学出版社1992年版。

曲格平：《我们需要一场变革》，吉林人民出版社1997年版。

曲格平：《曲之求索：中国环境保护方略》，中国环境出版社2010年版。

宋健：《向环境污染宣战（增订版）》，中国环境出版社2010年版。

王沪宁：《政治的逻辑：马克思主义政治学原理》，上海人民出版社2004年版。

栗战书：《文明激励与制度规范——生态可持续发展理论与实践研究》，社会

科学文献出版社 2012 年版。

周生贤:《环保惠民优化发展——党的十六大以来环境保护工作发展回顾》，人民出版社 2012 年版。

潘岳主编:《环境保护 ABC》，中国环境科学出版社 2004 年版。

邓正来、J.C. 亚历山大编:《国家与市民社会》，中央编译出版社 2005 年版。

王浦劬、[美] 萨拉蒙等:《政府向社会组织购买公共服务研究——中国与全球经验分析》，北京大学出版社 2010 年版。

何增科:《公民社会与治理》，社会科学文献出版社 2011 年版。

何增科主编:《公民社会与第三部门》，社会科学文献出版社，2000 年版。

陈家刚:《协商民主与政治发展》，社会科学文献出版社 2011 年版。

陈家刚:《协商民主与当代中国政治》，中国人民大学出版社 2009 年版。

李培林:《国家治理与社会建设》，社会科学文献出版社 2013 年版。

经济合作与发展组织:《中国治理》，清华大学出版社 2007 年版。

张小劲、于晓红:《推进国家治理体系和治理能力现代化六讲》，人民出版社 2014 年版。

陈春常:《转型中的中国国家治理研究》，上海三联出版社 2014 年版。

中国科学院中国现代化研究中心编:《生态现代化: 原理与方法》，中国环境科学出版社 2008 年版。

田成:《心物知行: 低碳发展与公众参与》，经济科学出版社 2019 年版。

周鑫:《西方生态现代化理论与当代中国生态文明建设》，光明日报出版社 2012 年版。

曹荣湘主编:《生态治理》，中央编译出版社 2015 年版。

周建鹏:《区域环境治理模式创新研究》，光明日报出版社 2015 年版。

李凌汉、李靖:《生态文明视野下地方政府环境保护绩效评估研究》，2015 年版。

杨启乐:《当代中国生态文明建设中政府生态环境治理研究》，中国政法大学出版社 2015 年版。

胡佳:《区域环境治理中的地方政府协作研究》，人民出版社 2015 年版。

潘家华:《中国的环境治理与生态建设》，中国社会科学出版社 2015 年版。

张海波:《中国转型期公共危机治理——理论模型与现实路径》，社会科学文献出版社 2012 年版。

施从美、沈承诚:《区域生态治理中的府际关系研究》，广东人民出版社 2011 年版。

本社编写:《国务院办公厅关于推行环境污染第三方治理的意见》，人民出版社 2015 年版。

王潜:《县域生态市治理与建设中的政府行为研究》，东北大学出版社 2014 年版。

石磊等:《区域生态文明建设的理论与实践——宁波北仑案例》，浙江大学出版社 2014 年版。

上海市社会科学联合会编:《国家治理：民主法治与公平正义》，上海人民出版社 2012 年版。

张建英:《区域生态治理中的地方政府经济职能转型研究》，广东人民出版社 2011 年版。

余敏江、黄建洪:《生态区域治理中中央与地方府际关系研究》，广东人民出版社 2011 年版。

中国 21 世纪方程管理中心编著:《生态补偿的国际比较：模式与机制》，社会科学文献出版社 2012 年版。

孙柏瑛、杜英歌:《地方治理中的有序公民参与》，中国人民大学出版社 2013 年版。

王锡锌:《公民参与和中国新型公共运动的兴起》，中国法制出版社 2008 年版。

王锡锌:《公众参与和中国公共运动的兴起》，中国法制出版社 2008 年版。

洪大用:《中国民间环保力量的成长》，中国人民大学出版社 2007 年版。

洪大用:《环境友好的社会基础——中国市民环境关心与行为的实证研究》，中国人民大学出版社 2012 年版。

洪大用:《社会变迁与环境问题》，首都师范大学出版社 2001 年版。

蔡定剑:《公众参与：风险社会的制度建设》，法律出版社 2009 年版。

蔡定剑:《公众参与：欧洲的制度与经验》，法律出版社 2009 年版。

马骧聪：《环境法制：参与和见证——环境资源法学论》，中国社会科学出版社 2012 年版。

王维国：《公民有序政治参与的途径》，人民出版社 2007 年版。

崔浩等：《环境保护公民参与研究》，光明日报出版社 2013 年版。

麻宝斌：《中国社会转型时期的群体性政治参与》，中国社会科学出版社 2009 年版。

郁建兴、江华、周俊：《在参与中成长的中国公民社会：基于浙江温州商会的研究》，浙江大学出版社 2008 年版。

张勤：《中国公民社会组织研究》，人民出版社 2008 年版。

丁云：《当代中国农民政治参与》，知识产权出版社 2011 年版。

史卫民：《中国公民的政策参与》，中国社会科学出版社 2012 年版。

史卫民：《中国公民政策参与研究——基于 2011 年全国问卷调查数据》，中国社会科学出版社 2013 年版。

吕艳华：《思想政治教育公众参与研究》，中国文史出版社 2014 年版。

付宏：《基于社会化媒体的公民政治参与》，国家行政学院出版社 2014 年版。

罗爱武：《互联网对政治参与平等化的影响研究》，中国社会科学出版社 2015 年版。

臧雷振：《变迁中的政治机会结构与政治参与：新媒体时代的中国图景》，中国社会科学出版社 2015 年版。

环境保护部宣传教育司编：《生态文明绿皮书——全国公众生态文明意识调查研究报告（2013）》，中国环境出版社 2015 年版。

李蓉蓉：《效能与参与视阈下的中国基层民主政治》，中央编译出版社 2014 年版。

张明新：《参与型政治的崛起：中国网民政治心理和行为的实证考察》，华中科技大学出版社 2015 年版。

高桂云：《公众网络政治参与的引导与规范研究》，中国社会科学出版社 2014 年版。

陈玉华：《新经济群体的政治参与及政治整合（1979—2009）：以浙江省东阳市为例》，中国社会科学出版社 2012 年版。

程玉红:《网络时代的政治参与和政党变革研究》，知识产权出版社 2013 年版。

孙洪坤:《检察机关参与环境公益诉讼的程序研究》，法律出版社 2013 年版。

日中环境教育协力会编:《参与式环境教育活动指南》，中国环境出版社 2003 年版。

张龙江:《公众参与社会环境影响评价和流域水污染控制——理论与实践》，中国环境出版社 2013 年版。

万加华:《为母疗伤——嘉兴市公众参与环境保护纪事》，中国环境出版社 2013 年版。

李金河、徐锋:《当代中国公众政治参与和决策科学化》，人民出版社 2009 年版。

卢瑾:《西方参与式民主理论发展研究》，人民出版社 2013 年版。

冯永锋:《为民间环保力量呐喊》，知识产权出版社 2010 年版。

王冬梅:《中国环境问题的新闻舆论监督研究》，中央民族大学出版社 2011 年版。

郭道晖:《社会权力与公民社会》，译林出版社 2009 年版。

韩水法:《从市民社会到公民社会——理解“市民—公民”概念的维度》，北京大学出版社 2011 年版。

刘岩:《风险社会理论新探》，中国社会科学出版社 2008 年版。

李金河、徐锋:《当代中国公众政治参与和决策科学化》，人民出版社 2009 年版。

王巍、牛美丽编译:《公民参与》，中国人民大学出版社 2009 年版。

陈秋玲:《社会风险预警研究》，经济管理出版社 2010 年版。

莫吉武等:《协商民主与有序参与》，中国社会科学出版社 2009 年版。

赵钢印:《现代化进程中的公民政治参与》，上海人民出版社 2010 年版。

王立京:《中国公民参与制度化研究》，武汉大学出版社 2011 年版。

张晓杰:《中国公众参与政府决策的政治机会结构研究》，东北大学出版社有限公司 2011 年版。

张金岭:《公民与社会——法国地方社会的田野民族志》，北京大学出版社

2012 年版。

石发勇：《准公民社区——国家、关系网络与城市基层治理》，社会科学文献出版社 2013 年版。

严利华：《从个体激情到群体理性——新媒介时代公民参与的理论与实践》，武汉大学出版社 2013 年版。

杨振宏：《政府转型中公民参与的构建及内在法理基础》，法律出版社 2013 年版。

侯保龙：《公民参与公共危机治理研究》，合肥工业大学出版社 2013 年版。

彭跃辉：《公民环境保护与生态文明素质教育培训读本》，中国环境出版社 2012 年版

王金水：《网络政治参与与政治稳定机制研究》，中国社会科学出版社 2013 年版。

刘芳：《世界环保组织》，安徽文艺出版社 2012 年版。

田辉：《构建绿色家园——透视美国环保历程》，哈尔滨工程大学出版社 2013 年版。

李英：《居民参与城市生态文明建设研究》，科学出版社 2013 年版。

牛谦：《公众环境保护的权利构造》，知识产权出版社 2008 年版。

朱灵：《绿动中国——记录从北京到哥本哈根的不平路》，新世界出版社 2010 年版。

刘涛：《环境传播：话语、修辞与政治》，北京大学出版社 2011 年版。

王学俭、宫长瑞：《生态文明与公民意识》，人民出版社 2011 年版。

韩俊魁：《境外在华 NGO：与开放的中国同行》，社会科学文献出版社 2011 年版。

王名：《中国 NGO 口述史》，社会科学文献出版社 2012 年版。

王名等：《德国非营利组织》，清华大学出版社 2006 年版。

王凤：《公众参与环保行为机理研究》，中国环境科学出版社 2008 年版。

刘芳：《中国民间环保组织》，安徽文艺出版社 2012 年版。

冯永峰：《别给环保一点机会：民间环保大成就者言行录》，知识产权出版社 2012 年版。

陶传进：《水环境保护中的 NGO：理论与案例》，社会科学文献出版社 2012 年版。

汪永晨、王爱军：《守望——中国环保 NGO 媒体调查》，中国环境出版社 2012 年版。

张乐：《风险的社会动力机制——基于中国经验的实证研究》，社会科学文献出版社 2012 年版。

王旭宽：《政治动员与政治参与》，中央编译出版社 2012 年版。

丁烈云：《中国转型期的社会风险及公共危机管理研究》，经济科学出版社 2012 年版。

包心鉴等：《大众政治参与和社会管理创新》，人民出版社 2012 年版。

中华文化学院编：《中华文化与生态文明》，知识产权出版社 2015 年版。

王宏斌：《生态文明与社会主义》，中央编译出版社 2011 年版

卢风：《生态文明决策者必读丛书——生态文明新论》，中国科学技术出版社 2013 年版。

汪劲：《环境法治的中国路径：反思与探索》，中国环境出版社 2011 年版。

汪劲：《环保法治三十年：我们成功了吗——中国环保法治蓝皮书（1979—2010）》，北京大学出版社 2011 年版。

汪劲：《中外环境影响评价制度比较研究——环境与开发决策的正当法律程序》，北京大学出版社 2006 年版。

蓝楠等：《环境保护案例》，山西教育出版社 2010 年版。

张璐：《环境与资源保护法：案例与图表》，法律出版社 2010 年版。

法律出版社法规中心编：《中华人民共和国环境保护法案例解读本》，法律出版社 2010 年版。

法律出版社专业出版编委会编：《案例导读：环境保护法及配套规定适用与解析》，法律出版社 2013 年版。

中国法制出版社编：《环境保护行政执法全书》，中国法制出版社 2013 年版。

李世东、林震、杨冰之：《信息革命与生态文明》，科学出版社 2013 年版。

江泽慧：《生态文明时代的主流文化——中国生态文化体系研究总论》，人民出版社 2013 年版。

编委会:《改革开放中的中国环境保护事业 30 年》，中国环境出版社 2010 年版。

温宗国:《当代中国的环境政策：形成、特点与趋势》，中国环境出版社 2010 年版。

李瑞琴:《“改革新思维”与苏联演变》，社会科学文献出版社 2012 年版。

国家环境保护总局政策法规司编:《中国环境政策全书（上下卷）》，中国环境科学出版社 2005 年版。

国家环境保护总局国际合作司编:《国际环境公约选辑》，中国环境科学出版社 2007 年版。

王前军:《国际环境合作问题分析》，中国环境科学出版社 2007 年版。

中国现代国际关系研究院课题组编:《外国非政府组织概况》，时事出版社 2010 年版。

曹凤中等:《环保风暴的理性回归》，中国环境出版社 2011 年版。

李培超:《环境伦理》，作家出版社 1998 年版。

刘大椿等:《环境问题——从中日比较与合作的观点看》，中国人民大学出版社 1995 年版。

刘大椿、岩佐茂主编:《环境思想研究》，中国人民大学出版社 1999 年版。

王维国:《公民有序政治参与的途径》，人民出版社 2007 年版。

王锡锌:《行政过程中公众参与的制度实践》，中国法制出版社 2008 年版。

贾西津主编:《中国公民参与：案例与模式》，社会科学文献出版社 2008 年版。

王明生:《当代中国政治参与研究》，南京大学出版社 2012 年版。

方江山:《非制度政治参与：以转型期中国农民为研究对象》，人民出版社 2000 年版。

孙柏英:《公民参与形式的类型及适用性分析》，中国人民大学出版社 2005 年版。

陶爱祥:《我国雾霾治理中的公众参与机制研究》，经济管理出版社 2018 年版。

郑旭文:《转型社会中公共决策的公众参与》，法律出版社 2017 年版。

卓光俊：《环境保护中的公众参与制度研究》，知识产权出版社 2017 年版。

黄信喻：《和谐社会视野下的公众参与立法研究》，法律出版社 2017 年版。

常健、许尧主编：《公共冲突管理评论》，南开大学出版社 2018 年版。

曹帅等：《新时代的公共治理与公众参与》，同济大学出版社 2019 年版。

付宇成：《公众参与行政决策：理论、制度、实践》，经济管理出版社 2019 年版。

胡新丽：《互联网 + 时代公众参与环境决策研究》，科学出版社 2019 年版。

张莉萍：《城市垃圾处理中的公众参与研究》，科学出版社 2019 年版。

（二）译著、译文

[美] 詹姆斯·罗西瑙主编，张胜军、刘小林译：《没有政府的治理》，江西人民出版社 2001 年版。

[美] 李侃如著，胡国成、赵梅译：《治理中国：从革命到改革》，中国社会科学出版社 2010 年版。

[英] 戴维·赫尔德等：《治理全球化：权力、权威与全球治理》，社会科学文献出版社 2004 年版。

[荷] 阿瑟·莫尔、[美] 戴维·索南菲尔德，张鲲译：《世界范围的生态现代化——观点和关键争论》，商务印书馆 2011 年版

[美] 罗伯特·A. 达尔著，李风华译：《论民主》，中国人民大学出版社 2012 年版。

[美] 理查德·C. 博克斯著，杜柏英等译：《公民治理：引领 21 世纪的美国社区》，中国人民大学出版社 2013 年版。

[美] B. 盖伊·彼得斯著，吴爱明等译：《政府未来的治理模式》，中国人民大学出版社 2013 年版。

[美] 奥兰·扬著，赵小凡等译：《直面环境挑战：治理的作用》，经济科学出版社 2014 年版。

[美] 佩特曼著，陈尧译：《参与和民主理论》，上海人民出版社 2012 年版。

[美] 克莱顿·托马斯著，孙柏瑛等译：《公共决策中的公民参与》，中国人

民大学出版社 2010 年版。

[美] 卡罗尔・佩特曼著，陈尧译：《参与和民主理论》，上海人民出版社 2012 年版。

[德] 马丁・耶内克等著，李慧明等译：《全球视野下的环境管治：生态与政治现代化的新方法》，山东大学出版社 2012 年版。

[美] 保罗・R. 伯尼特、罗伯特・N. 史蒂文森著，穆贤清等译：《环境保护的公共政策（第 2 版）》，上海人民出版社 2004 年版。

[英] 凯米尔顿著，袁同凯、周建新译：《环境决定论与文化理论——对环境话语中的人类学角色的探讨》，民族出版社 2007 年版。

[美] 比尔・伯查德著，刘炳艳译：《守护自然：全球最大的环保组织——TNC 不寻常的成长故事》，中国环境出版社 2009 年版。

[英] 德里克・希特著，郭台辉、余慧元译：《公民身份：世界史、政治学与教育学中的公民理想》，吉林出版集团有限责任公司 2010 年版。

[美] 吉列尔莫・奥唐奈、[意] 菲利普・施密特著，景威等译：《威权统治的转型：关于不确定民主的试探性结论》，新星出版社 2012 年版。

[日] 鸟越皓之著，宋金文译：《环境社会学——站在生活者的角度思考》，中国环境出版社 2009 年版。

[美] 约翰・加斯蒂尔等著，余素青等译：《陪审团与民主：论陪审协商制度如何促进公共政治参与》，法律出版社 2016 年版。

[德] 海贝斯、格鲁诺著，杨惠颖等译：《中国与德国的环境治理：比较的视角》，中央编译出版社 2012 年版。

[美] 易明著，姜智芹译：《一江春水——中国未来的环境挑战》，江苏人民出版社 2012 年版。

[美] 史伯斯著，李燕姝等译：《朝霞似火：美国与全球环境危机——公民的行动议程》，中国社会科学出版社 2007 年版。

[美] 唐著，胡赣栋、张东锋译：《中国民意与公民社会》，中山大学出版社 2008 年版。

[英] 马克・尼奥克利尔斯著，陈小文译：《管理市民社会》，商务印书馆 2008 年版。

[美] 约瑟夫·萨克斯著，王小钢译：《保卫环境：公民诉讼战略》，中国政法大学出版社 2011 年版。

[英] 约翰·基恩著，李勇刚译：《全球公民社会?》，中国人民大学出版社 2012 年版。

[德] 格奥尔格·耶利内克著，钟云龙译：《人权与公民权利宣言——现代宪政史上的一大贡献》，中国政法大学出版社 2012 年版。

[美] 詹姆斯·R. 汤森、布兰克利·沃马克著，顾速、董方译：《中国政治》，江苏人民出版社 2010 年版。

[美] 曼瑟尔·奥尔森著，陈郁等译：《集体行动的逻辑》，格致出版社 2011 年版。

[英] 克里斯托弗·卢茨主编：《西方环境运动：地方、国家和全球向度》，徐凯译，山东大学出版社 2005 年版。

[美] 瓦格纳·斯密尔：《中国生态环境的恶化》，潘佐红等译，中国展望出版社 1988 年出版。

[美] 丹尼尔·A. 科尔曼：《生态政治：建设一个绿色社会》，梅俊杰译，上海译文出版社 2002 年版。

[澳] 大卫·希尔曼、约瑟夫·韦恩·史密斯：《气候变化的挑战与民主的失灵》，武锡申、李楠译，社会科学文献出版社 2009 年版。

[英] 戴维·佩珀：《生态社会主义：从深生态学到社会正义》，刘颖译，山东大学出版社 2005 年版。

[美] 弗·卡普拉、查·斯普雷纳克：《绿色政治——全球的希望》，东方出版社 1988 年版。

[美] 威廉·莱易斯：《自然的控制》，重庆出版社 1993 年版。

[美] 艾伦·杜宁：《多少算够——消费社会与地球的未来》，毕聿译，吉林人民出版社 1997 年版。

[美] 彼得·休伯：《硬绿：从环境主义者手中拯救环境·保守主义宣言》，戴星翼、徐立青译，上海译文出版社 2002 年版。

[美] 彼得·S. 温茨：《环境正义论》，朱丹琼、宋玉波译，世纪出版集团、上海人民出版社 2007 年版。

[荷] 迈克尔·福尔、[瑞士] 冈特·海因主编:《欧盟为保护生态动刑——欧盟各国环境刑事执法报告》，徐平等译，中央编译出版社 2009 年版。

[日] 梅棹忠夫:《文明的生态史观——梅棹忠夫文集》，王子今译，上海三联书店 1967 年版。

[法] 塞尔日·莫斯科维奇:《还自然之魅：对生态运动的思考》，庄晨燕、邱寅晨译，生活·读书·新知三联书店 2005 年版。

[俄] E. H. 库济克、M.J.I. 季塔连科著，冯育民、高际香、刘显忠、庞大鹏译:《2050 年：中国—俄罗斯共同发展战略》，社会科学文献出版社 2007 年版。

[日] 岩佐茂:《环境的思想——环境保护与马克思主义的结合处》，韩立新等译，中央编译出版社 2006 年版。

[美] 朱莉·费希尔:《NGO 与第三世界的政治发展》，邓国胜、赵秀梅译，社会科学文献出版社 2002 年版。

[比] 保罗·吉尔斯:《国际市民社会——国际体系中的非政府组织》，载《国际社会科学杂志》1996 年第 13 期。

[美] 塞缪尔·F. 亨廷顿、琼·纳尔逊著，汪晓寿等译，《难以抉择———发展中国家的政治参与》，华夏出版社 1989 年版。

[英] 戴维·米勒、韦农·波格丹著:《布莱克威尔政治学百科全书》，中国政法大学出版社 1992 年版。

[美] 罗伯特·达尔著，王沪宁译:《现代政治分析》，上海译文出版社 1987 年版。

[美] 阿米·古特曼、丹尼斯·汤普森著，杨立峰等译:《民主与分歧》，东方出版社 2007 年版。

[美] 爱丽丝·扬著，陈家刚等译:《作为民主交往资源的差异》，中央编译出版社 2006 年版。

[美] 莫瑞·斯坦因著，朱侃如译:《荣格心灵地图》，立绪文化事业有限公司 1989 年版。

[荷] 阿瑟·莫尔、[美] 戴维·索南菲尔德著:《世界范围的生态现代化——观点和关键争论》，商务印书馆 2011 年版。

[美] 约翰·克莱顿·托马斯著，孙柏瑛译:《公共决策中的公民参与》，中

国人民大学出版社 2010 年版。

（三）中文论文

俞可平：《治理和善治引论》，载《马克思主义与现实》1999 年第 5 期。

俞可平：《全球治理引论》，载《马克思主义与现实》2002 年第 1 期。

潘岳：《社会主义生态文明》，载《学习时报》2006 年 9 月 25 日。

潘岳：《中国环境问题的根源是我们扭曲的发展观》，载《环境保护》2005 年第 6 期。

潘岳：《战略环评与可持续发展》，载《绿叶》2005 年第 9 期。

林尚立：《重构府际关系与国家治理》，载《探索与争鸣》2011 年第 11 期。

蔡拓：《全球市民社会与当代国际关系》，载《现代国际关系》2002 年第 12 期。

徐湘林：《国家治理的理论内涵》，载《人民论坛》2014 年第 10 期。

竹立家：《着力推进国家治理体系现代化》，载《中国党政干部论坛》2013 年第 12 期。

魏治勋：《“善治”视野中的国家治理能力及其现代化》，载《法学论坛》2014 年第 2 期。

郇庆治、[德] 马丁·耶内克：《生态现代化理论：回顾与展望》，载《马克思主义与现实》2010 年第 1 期。

郇庆治：《前苏联地区环境政治的兴起与发展》，载《山东大学学报》1996 年第 2 期。

郇庆治：《推进环境保护公众参与深化生态文明体制改革》，载《环境保护》2013 年第 3 期。

任剑涛：《在正式制度激励与非正式制度激励之间——国家治理的激励机制分析》，载《浙江大学学报》2012 年第 2 期。

柴艳荣、李晗：《变迁中国家治理模式的类型分析及其启示》，载《天津社会科学》2005 年第 2 期。

张丽：《公共精神与“群众”情境下的中国国家治理》，载《天津行政学院学报》2011 年第 1 期。

张骥、王宏斌：《全球环境治理中的非政府组织》，载《社会主义研究》2005年第6期。

苏长和：《国际非政府组织：第三种力量》，载《文汇报》2001年第11期。

张胜军：《全球化与国际组织新角色》，载《国际论坛》2004年第3期。

何艳梅：《非政府组织与国际环境法的发展》，载《环境保护》2002年第12期。

黄淼：《全球治理中的国际组织——以世界卫生组织对抗SARS为案例》，载《教学与研究》2003年第9期。

刘贞晔：《国家的社会化、非政府组织及其理论解释范式》，载《世界经济与政治》2005年第1期。

赵黎青：《环境非政府组织与联合国体系》，载《现代国际关系》1998年第10期。

宋萌荣、康瑞华：《20世纪60—80年代苏联解决生态环境问题的政策评析》，载《社会主义研究》2012年第1期。

冉冉：《环境治理与民主转型：苏联东欧国家环境运动的兴衰变迁》，载《国外理论动态》2015年第4期。

徐元宫：《后斯大林时期苏联群体性事件及其应对措施和教训》，载《当代世界与社会主义》2005年第3期。

凌锐燕：《国家治理现代化进程中的协商民主问题研究》，中共中央党校博士论文2015年。

任剑涛：《在正式制度激励与非正式制度激励之间——国家治理的激励机制分析》，载《浙江大学学报》2012年第2期。

包宏茂：《苏联的环境破坏和环境主义运动》，载《陕西师范大学学报》2003年第4期。

侯文蕙：《20世纪90年代的美国环境保护运动和环境保护主义》，载《世界历史》2000年第6期。

姜典文：《关于苏联的环境保护问题》，载《南开经济研究》1988年第4期。

康瑞华：《生态危机与社会主义目标的重新界定》，载《国外理论动态》2004年第11期。

余科杰：《"绿色政治"与苏联解体》，载《当代世界社会主义问题》2005年第3期。

余科杰：《西方生态主义及其对我国分警示和影响》，载《中国特色社会主义研究》2005年第1期。

周生贤：《全面推进国家生态环境治理体系和治理能力现代化》，载《中国环境报》2014年7月22日。

周宏春、江晓春：《习近平生态文明思想的主要来源、组成部分与实践指引》，载《中国人口·资源与环境》2019年第1期。

沈满洪：《习近平生态文明思想是萌发与升华》，载《中国人口·资源与环境》2018年第9期。

张森年：《习近平生态文明思想的哲学基础与逻辑体系》，载《南京大学学报》（哲学·人文科学·社会科学）2018年第6期。

杨红柳：《习近平生态文明思想的独特意蕴》，载《探索》2019年第1期。

周鑫：《习近平生态文明思想的多重维度》，载《当代世界与社会主义》2018年第5期。

吴江华、杨玲：《习近平生态文明思想的四重维度》，载《四川师范大学学报》（社会科学版）2018年第4期。

秦书生、吕锦芳：《习近平新时代中国特色社会主义生态文明思想的逻辑阐释》，载《理论学刊》2018年第3期。

张乾元、赵阳：《论习近平以人民为中心的生态文明思想》，载《新疆师范大学学报》（哲学社会科学版）2019年第1期。

田章琪、杨斌等《论生态环境治理体系与治理能力现代化之建构》，载《环境保护》2018年第12期。

沈佳文：《公共参与视角下的生态治理现代化转型》，载《宁夏社会科学》2015年第5期。

编辑部：《加快推进新时代生态环境质量能力现代化建设》，载《中国环境管理》2018年第5期。

孙荣、张旭《国家生态治理现代化的云端思维》，载《情报科学》2017年第7期。

张一鸣：《环境保护部部长陈吉宁：五方面着手提升环境治理现代化水平》，

载《中国经济时报》2017 年 3 月 20 日。

陈小燕、李敏纳:《从生态管制到生态共治——“互联网 +”时代的生态治理现代化转型》,载《环境保护与循环经济》2017 年第 5 期。

周建新:《对我国生态环境治理现代化的思考》,载《管理观察》2018 年第 4 期。

唐玉青:《多元主体参与:生态治理体系和治理能力现代化的路径》,载《学习论坛》2017 年第 2 期。

肖唐镖、易申波:《当代我国大陆公民政治参与的变迁与类型学特点》,载《政治学研究》2016 年第 5 期。

毛寿龙:《“网络政治”带来了什么》,载《人民论坛》2007 年第 16 期。

陶建钟:《我国网络政治参与的发展条件》,载《学习与实践》2008 年第 5 期。

孙萍、黄春堂:《国内外网络政治参与述评》,载《中州学刊》2013 年第 10 期。

华建琼:《当代中国公民网络政治参与的无序性及规范》,载《中共乐山市委党校学报》2010 年第 6 期。

张爱军、秦小琪:《网络政治焦虑与舆论传播失序及其矫治》,载《行政论坛》2018 年第 5 期。

左才:《网络社会与国家治理研究》,载《南开学报》(哲学社会科学版)2018 年第 5 期。

吴洁:《加快提升公民网络政治参与的有序性》,载《人民论坛》2019 年第 6 期。

揣小明、韩菁雯、王爱辉:《环境群体性事件成因与对策研究综述》,载《武汉理工大学学报》(信息与管理工程版)2017 年第 6 期。

付军、陈瑶:《PX 项目环境群体性事件成因分析及对策研究》,载《环境保护》2015 年第 43 期。

张有富:《论环境群体性事件的主要诱因及其化解》,载《传承》2010 年第 11 期。

尹文嘉、刘平:《环境群体性事件的演化机理分析》,载《行政论坛》2015 年第 2 期。

王玉明:《暴力型环境群体性事件的成因分析——基于对十起典型环境群体性事件的研究》,载《中共珠海市委党校珠海市行政学院学报》2012 年第 3 期。

蒋莉、刘维平:《农民环境诉求面临的困境与对策探讨——基于对厦门 PX 风波与浙江东阳画水镇环境群体性事件的比较》，载《云南行政学院学报》2012 年第 1 期。

华智亚：《风险沟通与风险型环境群体性事件的应对》，载《人文杂志》2014 年第 5 期。

郑旭涛：《预防式环境群体性事件的成因分析——以什邡、启东、宁波事件为例》，载《东南学术》2013 年第 3 期。

余茜：《环境群体性事件的成因及应对之策——基于政府回应性视域》，载《成都行政学院学报》2012 年第 6 期。

彭小兵、周明玉：《环境群体性事件产生的心理机制及其防治——基于社会工作组织参与的视角》，载《社会工作》2014 年第 4 期。

程启军：《环境群体性事件的后控：发挥“正范立行”的核心作用》，载《理论导刊》2017 年第 8 期。

卢春天、齐晓亮：《公众参与视域下的环境群体性事件治理机制研究》，载《理论探讨》2017 年第 5 期。

秦书生、鞠传国：《环境群体性事件的发生机理、影响机制与防治措施——基于复杂性视角的分析》，载《系统科学研究》2018 年第 2 期。

任峰、张婧飞：《邻避型环境群体性事件的成因及其治理》，载《河北法学》2017 年第 8 期。

马胜强、关海庭：《社会转型期我国邻避群体性事件的形成逻辑及治理路径》，载《天津行政学院学报》2018 年第 2 期。

张保伟：《公众环境参与的结构性困境及化解路径——基于协商民主的视角》，载《中国特色社会主义研究》2016 年第 4 期。

王芳、李宁：《基于马克思主义群众观的生态治理公众参与研究》，载《生态经济》2018 年第 7 期。

刘超：《协商民主视域下我国环境公众参与制度的疏失与更新》，载《武汉理工大学学报》2014 年第 1 期。

林震：《生态文明建设中的公众参与》，载《南京林业大学学报》（人文社会科学版）2008 年第 2 期。

邓翠华：《关于生态文明公众参与制度的思考》，载《毛泽东邓小平理论研究》

2013 年第 10 期。

陈文斌、王晶:《多元环境治理体系中政府与公众有效互动研究》, 载《理论探讨》2018 年第 5 期。

蒙发俊、徐璐:《新时代背景下提高生态环境公众参与度的思考》, 载 2019 年第 5 期。

王越、费艳颖:《生态文明建设公众参与机制研究》, 载《新疆社会科学》2013 年第 5 期。

陈润羊、花明、张贵祥:《我国生态文明建设中的公众参与》, 载《江西社会科学》2017 年第 3 期。

尹红、林燕梅:《数字环保维度的我国环境保护公众参与制度建构》, 载《东南学术》2016 年第 4 期。

曹小佳:《新西兰公众环保参与的感悟与启示》, 载《环境保护》2019 年第 47 期。

胡建:《融入政治领域的生态文明建设之关键——构建生态文明建设的法律制度体系》, 载《观察与思考》2016 年第 5 期。

郭永园:《生态化: 民族地区生态文明建设融入政治文明建设的实现路径》, 载《广西民族研究》2017 年第 3 期。

张福刚:《生态文明建设的法治保障——以环境行政执法约谈法治化为视角》, 载《毛泽东邓小平理论研究》2013 年第 6 期。

辛向阳:《中国共产党的领导是中国特色社会主义最本质特征》, 载《光明日报》2014 年 10 月 14 日。

田章琪、杨斌等:《论生态环境治理体系与治理能力现代化之建构》, 载《环境保护》2018 年第 12 期。

张劲松:《去中心化: 政府生态治理能力的现代化》, 载《甘肃社会科学》2016 年第 1 期。

韩旭:《建设“回应型”政府: 治理形式主义的一条政策思路》, 载《人民论坛》2018 年 1 月 15 日。

陈红太:《十八大后中共执政的六大创新点》, 载《中国特色社会主义研究》2013 年第 1 期。

房宁、张茜：《中国政治体制改革的历程与逻辑》，载《文化纵横》2017年第6期。

俞可平：《中国的治理改革（1978—2018）》，载《武汉大学学报》（哲学社会科学版）2018年第3期。

王浦劬：《习近平新时代中国特色社会主义政治发展思想辨析》，载《政治学研究》2018年第3期。

肖唐镖、易申波：《当代我国大陆公民政治参与的变迁与类型学特点》，载《政治学研究》2016年第5期。

王伟：《公众参与在美国国家公园规划中的应用》，载《中国环境管理干部学院学报》2018年第5期。

谭静斌：《法国城市规划公众参与程序指公众协商》，载《国际城市规划》2014年第4期。

秦天宝：《风险社会背景下环境风险项目决策机制研究》，载《中国高校社会科学》2015年第5期。

黄宁：《公众参与环境管理机制的初步构建》，载《环境保护》2005年第12期。

孙萍、王秋菊：《网络时代中国政府治理模式的新思考："参与—协商"型治理模式》，载《求实》2012年第4期。

陈迎欣、张凯伦：《自然灾害应急救助的公众参与途径及有序参与评价标准》，载《防灾科技学院学报》2019年第2期。

杨梦瑀：《公共政策制定中的公众参与——以〈北京市大气污染防治条例〉为例》，载《商》2015年第42期。

彭正波：《地方公共产品供给决策中的公众参与——以桂林市"两江四湖"工程为个案分析》，载《决策咨询通讯》2009年第1期。

谭爽：《邻避运动与环境公民社会建构：一项"后传式"的跨案例研究》，载《公共管理学报》2017年第2期。

张劼颖：《从"生物公民"到"环保公益"：一个基于案例的环保运动轨迹分析》，载《开放时代》2016年第2期。

王刚、毕欢欢、焦继亮：《环境邻避运动参与主体的诉求指向及思维向度》，载《南京工业大学学报》（社会科学版）2017年第4期。

张淑华、员怡寒:《新媒体语境下的环境传播与媒体责任》,载《郑州大学学报》(哲学社会科学版)2015 年第 5 期。

华建琼:《当代中国公民网络政治参与的无序性及规范》,载《中共乐山市委党校学报》2010 年第 6 期。

汪劲著:《环境影响评价程序之公众参与问题研究——兼论我国〈环境影响评价法〉相关规定的施行》,载《法学评论》2004 年第 2 期。

张骥、王宏斌:《全球环境治理中的非政府组织》,载《社会主义研究》2005 年第 6 期。

吕景城:《网络环境下公民有序政治参与问题研究》,载《企业导报》2013 年第 15 期。

李丁、张华静、刘怡君:《公众对环境保护的网络参与研究》,载《中国行政管理》2015 年第 1 期。

刘潇阳:《环境非政府组织参与环境群体性事件治理:困境及路径》,载《学习论坛》2018 年第 5 期。

刘晓凤、王雨、葛岳静:《环境政治中国际非政府组织的角色——基于批判地缘政治的视角》,载《人文地理》2018 年第 5 期。

(四)英文著作与文章

Robert Gilpin,“A Realist Perspective on International Governance”.David Held & Anthony Mcgrew eds.Governing Globalization : Power, Authority and Global Governance.London : Polity Press, 2002.

Oran R. Yang, George J. Memko and Kilapati Ramakrishna, eds., Global Environmental change and International Governance, Hanover and London : Dartmouth College, 1996.

Paul Wapner,“Politics Beyond the State : environmental Activism and World Civic Politics”, World Politics, V.47(April 1995).

Fred Greenstein, Political Socialization NY : Macmillan, 1968.

Ramesh Thakur,“Human Rights : Amnesty International and the United Nations”，Journal of Peace Research，Vol.31，No.2，1994.

Theodore A.Couloumbis and James H.Wolfe，Intruduction toInternational Relations：Power and Justice（New Jersey：1990）.

Ann Marie Clark，The Sovereign limits of Global civil Society：A Comprison of NGO participation in U.N.World Conferences of the Environment，Human Rights，and Women，World Politics，1998（10）.

Barbara Jancar，“The Environmental Attractor in the Former USSR：Ecology and Regional Change”，in Ronnie D. Lipschutz and Ken Cona（ed.），The State and Social Power in Global Environmental Politics，New York：Columbia University Press，1993.

Commission on Global Governance，Our Global Neighborhood，Oxford：Oxford University Press，1995.

Commission on Global Governance，Our Global Neighborhood，the Report of the Commission on Global Goverance.Oxford，Oxford University Press，1995.

Bruce Jones，Carols Pascual and Stephen John Stedman，Power and responsibility：Building International Order in a Era of Transnational Threat.

World Bank，“Involving Nongovernmental Organizations in Bank-Supported Activities”，Operational Directive，Washington DC：World Bank，1989.

Andrew Hurrell，“International Political Theory and the Global Environment”，in ken Booth and Steve Smith eds，International Relations Theory Today，The Pennsylvania state university Press，1995.

Arthur P.J.Mol，Globaliation and Environmental Reform，The Mit Press.Cambridge，London.2001.

Barry，J.，Rethinking Green Politics：Nature，Virtue and Progress，London：Sage，1999.

Bramwell，Anna. Ecology in the 20th Century：A History. New Havan：Yale University Press，1989.

Bryner，G. C.，From Promises to Performance：Achieving Global Environmental Goals，New York/London：W.W. Norton，1997.

Caner.R., Environmental Politics, London and New York , 2000.

Conca, K. and Dabelko, G., Green Planet Blues : Environmental Politics from Stockholm to Kyoto, the USA : Westview press, 1998.

Dale Jamieson, "Ecology Then and Now", Science, Technology, &Human Values, Vol.17, No.1, (Wrinter., 1992) .

Dobson , A., Green Politics Thought, New York , 2000.

Eckersley, Robyn. Environmentalism and Political Theory : Toward an Ecocentric Approach. Albany : State University of New York Press, 1992.

Elkington, J. and Burke, T. The Green Capitalists : Industry's Search for Environmental Excellence. London : Victor Gollancz LTD, 1987.

Fox, W., Towards a Transpersonal Ecology : developing New Foundations for Environmentalism, Totnes : Green Books, 1995.

Garter, R., Environmental Politics (2ed edition), Great Britain : Macmillan Press LTD, 2000.

George, A.Gonzalez, Corporate Power and the Environment, Roman of Littlefriend Publishers.2001.

Goodin, Robert E. Green Political Theory. Cambridge : Polity Press, 1992.

Gorz, A., Capitalism, Socialism, Ecology, London : Polity Press, 1994.

Grundmann.R, Marxism and Ecology. New York : Oxford university press, 1991.

Hayward, A., Ecological Thought : An Introduction, Cambridge : Polity Press, 1994.

Hans A. Baer, "Toward a Political Ecology of Health in Meadical Anthropology", Meadical Anthropology Quarterly, New Series, Vol.10, No.4, Critical and Biocultural Approaches in Meadical Anthropology : A Dialogue. (Dec., 1996) .

Jagtenberg, T. and Mckie, D., Eco-impacts and the Greening of Post-modernity, London/Beverly Hills : Sage, 1997.

James O'connor, Natural Causes. The Guilford Press, 1998.

John Tessitore and Susan Woolfson editors, A global agenda—Issues Before the

54th General Aseembly of the United Nations. Roman Little fried Publishers, Inc. Lanham. New York Boulder. Oxford , 1999.

Kamieniecki, S.(ed.). Environmental Politics in the International arena: Movements, Parties, Organizations, and Policy. New York: State University of New York Press, 1993.

Labor Party. Politics of the Environment. London: Labor Party, 1973.

Lipschutz, R. D. and Conca, K.(ed.). The State and Social Power in Global Environmental Politics. New York: Columbia University Press, 1993.

Lipietz, A., Green Hopes: The Future of Politics Ecology, London: Polity Press, 1995.

Manuel, A. M., "The Democratization of Sustainability: The Search for a Green emocratic Model", Environmental Politics, Vol.9, No.4, Winter 2000.

McCormick, J., The Global Environmental Movement, London: John Wiley, 1995.

McHarg, I., "The Place of Nature in the City Man", in I. G. Barbour (ed.) Western Man and Environmental Ethics, Mass: Addison-Wesley, 1973.

Mirian R.Lowi and Brian R.Shaw, Enviormment and Security, S.T.Maritin's Press.2000.

O'Neill, J., Ecology, Policy and Politics: Human Well-being and the Natural World, London: Routledge, 1993.

Parsons HL. Marx and Engels on Ecology. London: Greenwood Press, 1977.

Paul F.Diehl, The Politics of Global Governance, Lynn Riemer, Boulder London.2001.

Porritt, Jonathon. Seeing Green: The Politics of Ecology Explained. London: Blackwell, 1984.

Radcliffe, J., Green Politics: Dictatorship or Democracy? Great Britain: Macmilian Press TMD, 2001.

Robert J.Art and Robort Jervis, International Politics, Addison-Wesley Educational Publishers, New York, 2000.

Robert P McIntosh, "History of Ecologism?" Ecology, Vol.70, No.6, (Dec., 1989), pp.1963–1964.

Robert, J, B., "Habermas and Green Political Thought : Two Roads Converging", Environmental Politics, Vol.11, No.4, Winter 2002.

Saral, Sarkar, Eco-socialism or Eco-capitalism? A Critical Analysis of Humanity' s Fundamental Choices. Zed books, 1999.

Taylor, P., "Respect for Nature : A Theory of Environmental Ethics", in L. Gruen and D.Jamieson (eds), Reflecting on Nature, Oxford : OUP, 1994.

Weston, Joe, (ed.) . Red and Green : A New Politics of the Environment. London : Pluto Press, 1986.

White, L., "The history roots of our ecologic crisis", in Dobson, A. and Lucardie, P. (ed.) The politics of Nature, London : Routledge, 1993.

Wiesenthal, Helmut, (ed.) . Realism in Green Politics : Social Movements and Ecological Reform in Germany. Manchester : Manchester University Press, 1993.

William R.Catton, jr, "Founditions of Human Ecology", Sociological, Vol.37, No.1, (Spring., 1994) .

Zdenck Masopust, Global Problems of Humankind : A New Challenge to the Socialist State, International Political Science Review /Revue internationale de science politique, Vol.6, No.1, the Futrue of State, (1985) .

Carole. J. Uhlaner, Political Participation, Rational Actors, and Rotionality : A New Approach, Political Psychology, 1986, (3) .

Translated from the Russian , Designed by Alexei Perfiliev, "Society and the Environment", Progress Publishers 1983, p.10.

Kendall E. Bailes, ed. Environmental History : Critical Issues in Comparative Perspective[M] .New York, 1985.

O'Riordan T. Reviewed work : The global environmental movement : Reclaiming paradise by John McCormick. Transactions of the Institute of British Geographers, 1990, 15 (3): 383–384.

Arts B. N- State Actors in Global Governance : Three Faces of Power. Leipzig :

Presented at the Preprints aus der Max-Planck Projektgruppe Recht der Gemeinschafts-guter，2003：1–53.

Agnew J. Topological twists：Power's shifting geographies. Dialogues in Human Geography，2011，1（3）：283–298.

Blasiak R，Durussel C，Pittman J，et al. The role of NGOs in negotiating the use of biodiversity in marine areas beyond national jurisdiction. Marine Policy，2017，81：1–8.

Abdullah A，Husain K，Bokhari M，et al. Malaysian environmental NGOs on the world wide web：Communicating campaigns through the power of photographs. Procedia - Social and Behavioral Sciences，2014，155：136–140.